贝页
ENRICH YOUR LIFE

坏的哀伤，好的哀伤

一部哲学指引

Grief:
A Philosophical Guide

[美] 迈克尔·乔比 (Michael Cholbi)　著

杨春丽　译

文汇出版社

图书在版编目 (CIP) 数据

坏的哀伤，好的哀伤：一部哲学指引 / (美) 迈克尔·乔比 (Michael Cholbi) 著；杨春丽译 . — 上海：文汇出版社，2024.1

ISBN 978-7-5496-4178-9

Ⅰ.①坏… Ⅱ.①迈…②杨… Ⅲ.①人生哲学—通俗读物 Ⅳ.① B821-49

中国国家版本馆 CIP 数据核字 (2023) 第 253486 号

坏的哀伤，好的哀伤：一部哲学指引

作　　者 / [美] 迈克尔·乔比
译　　者 / 杨春丽
责任编辑 / 戴　铮
封面设计 / 创意设计师 _ 周源
版式设计 / 汤惟惟
出版发行 / **文匯**出版社
　　　　　上海市威海路 755 号
　　　　　（邮政编码：200041）
印刷装订 / 上海中华印刷有限公司
　　　　　（上海市青浦区汇金路 889 号）
版　　次 / 2024 年 1 月第 1 版
印　　次 / 2024 年 1 月第 1 次印刷
开　　本 / 889 毫米 × 1194 毫米　1/32
字　　数 / 161 千字
印　　张 / 8.25
书　　号 / ISBN 978-7-5496-4178-9
定　　价 / 59.00 元

死亡夺去我们深爱且敬重的人，它在让我们经历怆痛的同时，也必然会升华我们的认知，让我们更完美地理解逝者和我们自己。这是死亡最大的秘密，或许也是它与我们最深的联系。

——赖纳·马利亚·里尔克（Rainer Maria Rilke）

致玛戈·西佐-诺里斯-克鲁伊伯爵夫人

（Margot Sizzo-Noris-Crouy）的书信（1923）

目 录

— 引 言 —

　　哀伤，会引起有创造力和好奇心之人的关注：他人死亡而引发的情感波动，是《吉尔伽美什史诗》（*Epic of Gilgamesh*）的中心主题，这部古巴比伦史诗是已知的最古老的文学作品之一，于四千多年前在苏美尔人之中流传。荷马在史诗《伊利亚特》中浓墨重彩地记录了与哀伤有关的争论、丧葬仪式和社会荣誉。表达哀伤和悼念的诗歌，无论是伤感的还是挑衅的，几乎在世界上所有的文学传统里俯拾即是。莎士比亚笔下的许多人物也都经受过哀伤的情感煎熬。事实上，近年来，文化领域愈加关注哀伤这一情感，不计其数的个人回忆录、流媒体平台上的电视剧、播客、图画小说和电影都将其作为焦点。甚至还有一些手机应用程序可以帮助那些科技产品爱好者理解并管理自己哀伤的情感。

　　这些事实表明人类对哀伤保持着强烈的关注。但是，从研究哀伤的哲学家的数量来看，这一话题几乎没有得到重视。哀伤在哲学史上的地位无足轻重，有名的哲学家只在著作里将其一笔带过，而持续关注哀伤的哲学家的数量屈指可数。[1]就连那些将哲学视为一门实用学科、一种用于获取美好生活所需的智慧的哲学家，也鲜少讨论当生命中重要之人逝去时，人们所经历的哀伤的情感，尽管那是我们刻骨铭心、至关重要的人生体验。

几乎每一门学科都有自身的"哲学"。哲学家除了研究哲学，还研究其他几乎所有学术型学科（化学、经济、历史等）、所有行业（医学、教育、商业等）、诸多社会发展项目（人工智能、太空探索、电子游戏等），以及人类社会身份的主要分类维度（种族、性别、性取向等）等方面的哲学基础。由此看来，哲学家忽视哀伤这一情感也许并非偶然：不是每个话题都值得从哲学角度去关注，哲学家对哀伤缺乏兴趣，因为从哲学角度审视，哀伤并不十分有趣。

然而，我会证明这样看问题是错误的。这也是本书的一个目标。事实上，从哲学视角看，哀伤这一话题非常有趣。既然如此，那为何哲学家们对此却相对沉默呢？诚然，要清醒地以学术方式探讨哀伤是富有挑战的。哀伤是复杂的情感，具有个人特征，因此似乎难以被理解。而且，要理解哀伤，就必须面对人们生活中一些更加令人不安的事实——人们有时会难以理解或管理自己的

---

1 比如圣奥古斯丁、蒙田、克尔凯郭尔和维特根斯坦。——作者注（如无特殊说明，本书脚注均为作者注）

情感，以及生命中重要的人无法永生。因为这类无常，人际关系既是我们安全感、安定感和可预期感的源头，又能对它们构成威胁。因此，哀伤或研究哀伤，都会令我们心生恐惧。

但是，在我看来，哲学家在研究哀伤这一情感时常常带着思想成见，这些成见使他们与哀伤保持着一种模棱两可的关系。当哲学家带着成见审视哀伤时，他们常常会看到令人尴尬的，甚至是令人恐惧的一面。在他们眼里，哀伤或许无法避免，但它代表了人类最糟糕的状态——混乱、无助与可悲。

厌恶哀伤，这是古代地中海地区的哲学家们普遍研究的主题。希腊和罗马的哲学家比我们现代人更反感哀伤，他们认为，应当忍受并极力化解哀伤之情。在这些哲学家看来，因他人的死亡而哀伤是一种失控的表现，它表明一个人过度依赖他人，缺乏有品德之人当有的理性和自控力。罗马颇具影响力的医生盖伦认为，哀伤源于一个人对事物或他人产生的过度或贪婪的欲求。人最好摆脱此类欲求，以免情绪失控或丧失风度。[1] 在这种解读中，哀伤是柔弱的、可悲的表现。[2]

---

1 J. T. Fitzgerald, "Galen and His Treatise on Grief," *In die Skriflig* 50 (2016): a2056.

2 Scott LaBarge, "How (and Maybe Why) to Grieve Like an Ancient Philosopher," in B. Inwood (ed.), *Oxford Studies in Ancient Philosophy*, supplementary volume (Virtue and Happiness: Essays in Honour of Julia Annas) (Oxford: Oxford University Press, 2012), p. 329.

在柏拉图的《理想国》里，苏格拉底承认，体面的人会因重要之人的逝去而哀伤。但他坚持认为，人应当为自己的哀伤感到羞耻，在公众场合表达哀伤之情要有节制。他声称，哀伤是一种"病"，这种病需要的不是"恸哭"，而是"药物"。[1]苏格拉底还认为，有政治抱负的领袖不应当接触描绘"德高望重之人哀号恸哭"的诗歌。因此，不管什么诗歌，若呈现了声誉卓著之人哀伤的情景，都应当禁止；只有女人和"次等人"才会哀伤。[2]后来，柏拉图在《斐多篇》中记录了苏格拉底赴死时的令人震撼的场景。斐多承认，他和苏格拉底的其他朋友原本已经抑制了自己的哀伤，但当苏格拉底把毒药杯送到唇边时，他们的情感开始如波涛般倾泻了出来。接着，他们泪如泉涌，悲号哭泣。"我用大氅裹着脸，偷偷哭泣；我不是为他哭，乃是因为失去这样一位朋友而哭我的苦运。"苏格拉底斥责他们："你们这伙人可真荒唐，这算什么行为啊！我把女人打发出去，就是为了不让她们做出这等荒谬的事来。"[3]

斯科特·拉巴奇（Scott LaBarge）对此解释说，遵循这一传统的哲学家明白哀伤是自然情感，然而，"无论哀伤何时发生，他

---

1 *Republic* 604d2, in *Plato in Twelve Volumes*, vols. 5 & 6, P. Shorey, trans. (Cambridge, MA: Harvard University Press, 1969).

2 *Republic* 387c–388a. 柏拉图对哀伤的详细分析，参见 Emily Austin, "Plato on Grief as a Mental Disorder," *Archiv für Geschichte der Philosophie* 98(2016): 1–20。

3 *Phaedo*, 117b–c, in *Plato in Twelve Volumes*, vol. 1, H. N. Fowler, trans. (Cambridge, MA: Harvard University Press, 1966).

们总把哀伤视为必须克服的弱点或必须纠正的错误"。[1]在这方面最经典的要数斯多葛学派的哲学家塞涅卡的一番话:"我们的朋友逝去时,我们不要不流泪,但不可泪如雨下。我们可以啜泣,但不可哀号。"[2]

然而,不要以为厌恶哀伤是西方人独有的想法。在中国的道家哲学里,庄子相对微妙地表达了对哀伤的反感。庄子教导人们接受包括死亡在内的一切变化。在一则家喻户晓的寓言里,庄子丧妻,惠子前往吊唁,安慰庄子。惠子见庄子没有流泪、没有恸哭,却鼓盆而歌,颇感诧异:

> 惠子曰:"与人居,长子老身,死不哭亦足矣,又鼓盆而歌,不亦甚乎!"
>
> 庄子曰:"不然。是其始死也,我独何能无概!然察其始而本无生,非徒无生也,而本无形;非徒无形也,而本无气[3]。……气变而有形,形变而有生,今又变而之死,是相与为春秋冬夏四时行也。人且偃然寝于巨室,而我噭噭然随而

---

1 "How (and Maybe Why) to Grieve Like an Ancient Philosopher," p. 323. 拉巴奇特别提到,亚里士多德是一个例外,值得特别留意。

2 Seneca, *Epistulate Morales* no. 63 ("On grief for lost friends"), R. M. Grummere, trans. (Cambridge, MA: Harvard University Press, 1917–25).

3 指精神或元气。

哭之，自以为不通乎命，故止也。"

诚然，庄子的语气不像柏拉图以及其他古代地中海地区的哲人那般咄咄逼人。在某种意义上，他的教诲颇有道理：我们不该忘记所爱之人都会死亡，这如同四季更替不可改变。然而，他同样认为哀伤是鲁莽的，（而且坚持认为）我们是因为忘记了人的"命运"，所以才会哀伤。庄子的想法和希腊人、罗马人如出一辙，他凭借自身经验，启发读者摆脱哀伤。他提醒我们，我们因所爱之人离世而哀伤，可他们的生死只是大自然更宏大的循环中的小小插曲。准确地说，庄子的故事并没有谴责哀伤。人的部分情感源于过度迷恋转瞬即逝、变幻莫测的事物而忽视天长地久、永恒不变的存在。庄子显然把哀伤归于这类情感。他和希腊人、罗马人一样，认为哀伤源于无知。我们看不见更大的世界，忘记自身在其中的位置，所以产生了哀伤（或过度哀伤）之情。因此，哀伤之人给人留下负面印象，让他人看到的不是其最美好最真挚的天性，而是人性的弱点。

但要注意的是，这些哲学家厌恶哀伤并非因为他们不愿面对死亡。事实上，这些哲学传统强调的，是我们需要哲学智慧来为自己的死亡做准备。苏格拉底甚至宣称，哲学就是为死亡做准备。更确切地说，哀伤这一情感之所以令哲学家担忧，是因为它强调了人与人之间的相互依赖，使我们变得更加脆弱，更难以接受所爱之人的离世。哀伤也许会让我们受到打击，但这并非因为我们如庄子所说的那样不知人终有一死。[1]我们并不是因为不知道人会死而哀伤，是尽管知道，也依然会哀伤。

————————

上述的哲学传统认为，哀伤是羞耻的一个根源。按照此说法，一种现象会让我们给别人留下负面印象，而我们本可以想方设法成为情感自给自足、冷静而坚强、不会哀伤也无须哀伤的个体。如果是这样，那我们依旧把时间和精力投入哀伤便毫无意义。在上述的哲学传统中，哀伤不是需要深度探索的哲学问题，而是需要克服的个人缺陷。

如今的哲学家似乎并不认可"哀伤是不光彩的"这一古老观点。但哲学家对过于公开地认可哀伤，或者让哀伤公开接受来自哲学的审视尚存疑虑。哲学家C. S. 路易斯无法逃避哀伤的故事，能够让我们从中窥见这种疑虑。

1960年夏天，61岁的英国作家、神学家C. S. 路易斯正处于事业和学术的顶峰。在此六年前，他被剑桥大学聘为首位中世纪及文艺复兴时期英语文学教授。20世纪40年代，伦敦还是德

————————

1 我们在本书后面会探讨哀伤为何会让我们受到打击。

国纳粹空军频繁袭击的目标，那时的路易斯就已在英国广播公司电台发表演讲了，并将其内容整理出版成《返璞归真》(*Mere Christianity*)。这部著作与他的随笔集《奇迹》(*Miracles*)、《痛苦的奥秘》(*The Problem of Pain*)以及书信体小说《地狱来鸿》(*The Screwtape Letters*)一起，让他成为名副其实的世界最著名的基督教护教家。另外，他撰写的儿童文学作品也广受欢迎，系列小说《纳尼亚传奇》(*The Chronicles of Narnia*)将累计卖出一亿多册。

但路易斯在事业上赢得的赞誉很快与其个人生活的动荡发生了冲突。

1956年，路易斯和美国诗人乔伊·戴维曼（Joy Davidman）结婚。他对妻子的爱慕源于其学术魅力：戴维曼的诗歌多次获奖，她从学术角度解读了基督教的"十诫"并撰写成书，路易斯为该书作序。但是，他们之间的爱超越了理智。路易斯后来写道，乔伊"既是我的女儿，又是我的母亲；既是我的学生，又是我的老师；既是我的臣民，又是我的君主……是我所信赖的同志、朋友，同舟共济的船员，并肩作战的战友"。结婚数月之后，乔伊在因腿部骨折接受治疗时发现自己患上了癌症。这一诊断结果仿佛刺激了路易斯，使他对妻子的爱日益滋长。1957年，乔伊的病情有所好转，但到1959年病情突然恶化，这之间的时日显然是路易斯成年生活中最快乐的岁月。1960年4月，乔伊和"杰克"（熟人都知道的路易斯的小名）去希腊度假，实现了乔伊想去看爱琴海的夙愿。

同年7月13日，乔伊撒手人寰。

杰克·路易斯并不是那种对生活的挑战毫无准备的人。他的双亲都死于癌症，母亲去世时他才9岁。杰克少年时从爱尔兰来到英国，目睹了第一次世界大战。成年后他不再信仰基督教，而后又重新皈依基督教。德军空袭伦敦时他还收留了一些撤离的孩童。

但是，从乔伊去世后杰克所写的日记可以判断，他对自己的哀伤毫无准备，始终在绝望的泥淖中挣扎。[1]

泪水和忧伤让杰克感到尴尬，但至少他预料到自己会流泪、忧伤。然而，他没有料到的是"哀伤犹如恐惧，二者何其相似！"[2]他也没有料到，自己会在哀伤中感受到浅浅的醉意（像是"脑震荡"），失魂落魄，百无聊赖（"别人说什么，我都听不进去……一切都那么索然寡味"），孤单寂寞，与世隔绝（"在我和世界之间，隔着一层看不见的帷幕"）。从未有人告诉过他，哀伤会让人慵懒或"怠惰"。

1 C. S. Lewis, *A Grief Observed* (New York: Harper Collins, 2015). First publication by Faber and Faber, 1961.

2 Lewis, *A Grief Observed*, p. 3.

哪怕只费吹灰之力的事儿，我都懒得做。别说写信了，就连看信我都嫌烦。甚至不想刮胡须。我的脸是粗糙还是光滑，有谁在乎呢？[1]

杰克对悲痛中的自己感到陌生。他感觉自己的身体是陌生的，是一座"空房子"，这让他更敏锐地感受到乔伊的缺席。[2]基督教的信仰曾让他们结为一体，但在乔伊去世后，这一信仰似乎没能帮助杰克找到自己的路。相反，自他三十多年前皈依基督教之后，乔伊的缺席引发了他唯一一次的信仰危机。杰克问道："与此同时，上帝在哪里？"[3]

《卿卿如晤》（A Grief Observed）的前几章内容很可能让路易斯作品的狂热爱好者感到震惊。读者可能不会预料到，乔伊的逝去会彻底改变路易斯。他原本是一个侃侃而谈的公共知识分子，基督教的护教家，此时却是一个惶惑不安、信仰摇摇欲坠的男人。他心烦意乱，自我意识支离破碎。路易斯哀伤的情感让读者猝不及防，他们拼命回想着路易斯曾在其他作品中的呼吁："每天顺服于死亡，顺服于你的抱负和挚爱心愿的死亡，顺服于整个身体的

---

1 Lewis, *A Grief Observed*, p. 5.

2 Lewis, *A Grief Observed*, p. 12.

3 Lewis, *A Grief Observed*, p. 24.

死亡，最终用你生命的每一根纤维顺服。"[1]要想让路易斯的哀伤与他的呼吁并行不悖，读者要煞费苦心。

三年后，路易斯本人也离开了人世。但在这三年间，他犹豫过是否要发表记录自身哀伤经历的日记。不知何故，他不愿意自己和这些日记有联系。路易斯逝世一年后，这些日记被合成文集《卿卿如晤》，以笔名N. W. 克拉克（N. W. Clerk）出版，书中的乔伊只用字母H来指代。这显然是一种两全的选择。

路易斯对公开发表记录哀伤的日记感到惶恐，个中原因我们无法确切知道。他是一个训练有素的哲学家，毫无疑问，他精通我前面提到的哲学传统。这种传统认为哀伤是需要克服的尴尬状态。《卿卿如晤》的内容，再加上路易斯决定去世后以笔名出版这本书，都让我们窥见了这种尴尬。他在个人生活里无法逃脱哀伤，但在公众生活里会千方百计地避开它。尽管读者后来了解了杰克的哀伤，但路易斯在世时并没有让公众审视过他的哀伤。从这一方面来说，路易斯的生平体现了厌恶哀伤的哲学传统：无论哀伤对个人而言多么重要，它都是不光彩的，无法成为合乎体统的公共哲学应当讨论的话题。

但是，哀伤为何会让人感到羞耻呢？我们可否这样认为：哀

1　C. S. Lewis, *Mere Christianity*, (first publication 1952; Samizdat eBooks, 2014), p. 120.

伤有时会引发羞耻感，但这样的羞耻感是不妥当的，因为它映现的是人们对哀伤的实质以及从中流露出的人的本性的误解？

人们总会用固有思维来看待自己的情感和欲求。哲学家逃避哀伤，不愿持续探究哀伤，当然也就不必雄辩地去反证这些固有思维。颇具讽刺意味的是，这些根深蒂固的固有思维阻碍了我们全面、客观、审慎地对哀伤进行哲学探究。毕竟，只有在我们认为哀伤是负面情感因而应当规避的情况下，它才会显得不光彩且毫无哲学趣味。然而，我们应当这样想吗？如果我们真诚地持续关注哀伤，我们可能就不会这样认为。也就是说，倘若我们近距离地审视哀伤，不仅对它的厌恶会消失，而且将这一哲学主题边缘化的世界观也会动摇。人始终规避自己害怕的事物。哲学传统在很大程度上害怕哀伤，是因为哀伤会揭露人性。具体地说，如果哲学家能像探讨其他话题一样诚实、严谨地探究哀伤，也许会揭示出令人担忧的可能性——人类的有限、脆弱和相互依存不能也不应该完全克服。

————————

我并未经历过特别难以忍受的哀伤。我生命的旅程已行过大半，也自然体会过该有的哀伤，感受过其中的痛苦，但还不至于过度煎熬。杰克·路易斯因乔伊的去世经历的哀伤比我所经历的要强烈得多。

最理想的哲学是勇敢的、务实的。可过去的哲学向来逃避哀伤，这意味着以上两点它都不具备。因害怕思考关乎人类境况的令人不安的问题而逃避哀伤这一话题，可谓缺乏勇气；忽视生活中与人性有关的、涉及生命本质的事情，则是远离实际。哲学最伟大的用途之一是帮助我们面对生命中最令人迷茫的过渡期——长成大人、为人父母、恋爱、衰老、死亡。由此看来，哲学忽视哀伤就显得不那么光彩。我们本可以做得更好。

然而，哲学家在很大程度上忽视哀伤并不意味着从哲学角度探讨哀伤一定会有丰富的成果。其他学科和生活实践已经对哀伤进行过探讨，哲学对哀伤的认识能否有其独特的贡献呢？人们对此表示怀疑。也许我们需要与哀伤有关的指导，但不是哲学的指导。

我当然不认为认识哀伤是哲学的"专利"。但是，哲学的确具有其他学科或专业知识无法企及的、独特的作用。

例如，心理学家和精神病学家就已经全面研究过哀伤这一情感。我在本书中会频繁引用他们的研究成果，因为哲学就某种现象得出的结论，至少应该和其他这些学科针对同一现象列举的最佳例证是相容的。哲学无须与其他学科提供的答案比个高下；相反，哲学可以解答其他学科无法回答的问题。因此，从哲学的视角探讨哀伤，应当和心理学家研究哀伤经历所得的成果相得益彰。不过，针对我们提出的关于哀伤的某些问题，心理学不太可能提供令人信服的答案。原因有二：第一，心理学研究的是我们大脑的运行机制，即"我们的头脑里面"是什么。我会在本书详细阐述哀伤的心理学，但是把哀伤简单地视为心理现象会忽视与哀伤有关的非心理层面的事实。我们会看到，因为我们和他人，和过去的自我以及未来的自我有着千丝万缕的联系，所以才会产生哀伤这种情感。哀伤的实质是我们的心灵与外部广阔的世界产生联系的方式，纯粹地从心理学角度审视哀伤可能无法公正地看待这个因素。第二，心理学是一个描述性学科，旨在揭示哪些规律在支配我们的思想和经验。然而，与哀伤有关的许多问题本质上不是描述性的。相反，它们与伦理有关。我们为何应关注哀伤？我们是否应当为自己有能力哀伤而感到欣慰（而不是憎恶）？哀伤是否是一种道德义务？这些问题本质上是哲学问题。

同样，当生命面临挑战时，我们首先求助的往往是医疗保健工作者；因此，我们也希望求助于心理健康专家来找到哀伤问题的答案。在近几十年，哀伤咨询行业急剧扩张。当然，本书不以贬损哀伤咨询为目的。毫无疑问，许多哀恸之人受益于心理咨询，走出丧亲之痛。但是，哀伤呈现的"医疗上的"挑战，其本质未必与医疗相关。[1]我反对把哀伤视为医疗问题，并提出了明确的论证（见第七章，此处暂不赘述）。哀伤带来的部分挑战是"生活中

---

[1] 关于哀伤是否满足精神障碍的条件，我们会在第七章探讨。

的问题",这些问题的出现并不是因为我们的生活出了差错,而是因为有些困境仿佛已与人的生活化为一体。而哲学常常能够让我们寻求帮助,以走出这些困境。

毫无疑问,文学和艺术也能为应对哀伤提供指导意义。[1]本书会多次引用哀伤回忆录和其他文学作品,这些作品中蕴涵了关于哀伤的思想,而且我们可以用非文学的理由去接受这些思想。然而,没有哪一部艺术作品能够完整地阐明哀伤的细节。举例来说,首先这类作品几乎总专注于某个单一的哀伤经历。如果作品中的故事能代表人类总体的哀伤经历,我们就能更多地了解哀伤;但是,如果故事不具有代表性,它们提供的信息就有可能误导读者。此外,还需谨记,文学和艺术因戏剧而繁荣发展,因此可能会过度呈现情感最强烈或最深重的哀伤情节,而埋没了普通但更"健康"的哀伤故事。[2]例如,莎士比亚的《哈姆雷特》就生动地说明了哀伤的感受既无法逃避又神秘莫测。但是,(万幸)仅有一小部分经历丧亲之痛的人会考虑自杀(哈姆雷特似乎是这样的人),而痛失亲人后实施过激行为的人所占的比例就更小了。

互联网上也处处有人写博客献计献策,分享走出哀伤的方法。但是,与艺术作品对哀伤的描写所存在的缺陷一样,博客作者也

---

1 我推荐讲述这方面内容的电视连续剧《六尺之下》(*Six Feet Under*)。
2 我在本书第七章会仔细探讨哀伤回忆录以及其他描述哀伤的叙事。

仅仅是依据自身体验发表观点，忽略了学者对哀伤所做的大量的科学研究。互联网上的其他资源使用"宽慰""治愈""旅程"等陈旧的、缺乏哲学精神的医疗语言，使哀伤周遭的烟雾更加迷蒙，让人更难看清哀伤的实质。

总体来看，哀伤是一件严肃的事，值得认真对待。但是，我们很少被要求理解哀伤。正如我在本书第三章解释的，哀伤不仅饱含痛苦的情感，而且往往让人不知所措，这也使对它的理解变得更加困难。当我们哀伤时，常常无法明辨发生在自己身上的事情。哲学研究如果成功，就能让我们理解哀伤。

事实上，理解哀伤需要与哀伤有关的哲学理论。如果"理论"一词让你脊背发凉，请放心，我所说的并不是多么沉重的理论。如果我们要理解哀伤，就需要了解它的方方面面，仔细考虑各种哀伤经历的相似之处和差异。一个好的理论可以把人们对某个领域的所有认知都贯穿起来，这样，我们就能看到不同的知识之间是如何联系的。就哀伤来说，我们有许多哲学见解，但我认为，我们缺乏的是成熟的哲学理论。我希望本书呈现的理论能够让我们清晰地看见哀伤，看见它的构造与它的整体。

你也许依然不相信，探讨哀伤的哲学理论可以大大减轻哀伤引起的情感波动。诚然，从哲学角度深入理解哀伤，也许能驱散围绕在哀伤四周的迷雾。但是，在面临与哀伤相随的痛苦时，这种理解也无济于事。最重要的是，我们在思考哀伤时寻求的是安慰，但哲学不太可能安慰我们。

确切地说，即使是最完备的哀伤哲学理论也几乎不可能解决哀伤带来的每一个挑战。然而，我们不应当低估理解哀伤对于渡过情感难关的重要性。去理解哀伤的真相胜过在真伪杂糅的认识和老生常谈中寻求安慰。最终，不管真相有多让人烦恼，我们每个人也依然想遵照真相来生活，因为我们在这之中能找到最伟大、最持久的安慰。C. S. 路易斯说道：

> 你不可能通过寻找安慰而获得安慰。如果寻找真相，你也许最终会找到安慰：寻找安慰既得不到安慰也得不到真相，只会在一开始听到甜言蜜语，一厢情愿地憧憬未来，最终却等来绝望。[1]

可见，哀伤是人生的一种"非常情感"。如果人们能透过强大的哲学更深入地认识哀伤，并从中获益，那么也会从本书中受益。

有些人可能会比其他人受益更多。需要特别说明的是，本书的主要目标读者不是那些身处哀伤之中的人。与哀伤相随的情感痛苦会让当事人难以用哲学所需的超脱来思考哀伤。此外，我们在第二章会看到，哀伤通常极度消耗我们的注意力，削弱我们聚

---

1 Lewis, *Mere Christianity*, p. 22.

精会神、保持正常记忆力的能力。[1]我设法让几乎没有哲学背景的人也能理解我的理论。但哲学毕竟是一门费神的学问，鉴于此，那些身处哀伤的认知迷雾中的人要和我们一起全身心地进行哲学探索，可能会有些费劲。

对哀伤的哲学探索可能更有益于那些哀伤感正在减弱的当事人。我们经历过哀伤，对哀伤有所了解，但是，有些问题可能尚未解决。从最根本上说，我想向那些经历了哀伤的人说明，哀伤究竟为何有益——我们为何应当接纳我们哀伤的天性，而不是因哀伤而深感遗憾。

我也希望，这一哲学探索在哀伤发生之前对我们有潜在的益处。我说过，这本书不是以寻常的方式起疗愈作用。但是，哲学的疗愈方式在于它会让我们做好准备去面对未来发生的事。我尤其希望，这一哲学探索可以驱散哀伤所常常引发的那种恐惧感。我在前面批评的那种哲学传统，它害怕哀伤揭示的人性。那种害怕没有充足的依据，但这并不意味着哀伤中没有恐惧。哀伤源自一些我们有理由害怕的事件（如至亲的死亡），它们让人痛苦不堪。特别的是，哀伤会引起可怕的无助感，让我们感到自己在情

---

1 要了解哀伤的神经学以及哀伤对认知的影响，可参见 Lisa M. Shulman, *Before and After Loss: A Neurologist's Perspective on Loss, Grief, and Our Brain* (Baltimore, MD: Johns Hopkins University Press, 2018)。

感的风暴里颠簸。但是，哀伤在我们的生命中出现的可能性很高，如果我们因害怕正视它而退缩，不尝试认识它，就相当于将自己囚于牢笼，无法走上消除恐惧的正确道路。毕竟，对不确定性和未知事物的恐惧可以说是人类最大的恐惧之一。我不敢肯定自己能够证明人们应当瞻望哀伤的发生。尽管如此，在哀伤发生之前尽可能全面地认识哀伤，能够减少我们对无法逃避之事产生的恐惧。

由此看来，本书符合这样的传统：哲学的主要功能之一是慰藉，帮助我们找到解决生活中可能发生之事的方法，尤其让我们能够认识自己及自身的处境。重要之人逝去带来的哀伤是难以逃避的，它让我们对世界的期许和希望面临挑战。我努力想要在本书中说明，如果我们能更全面、更深入地认识这些挑战的本质，认识我们自身，就能很好地应对这些挑战。

我希望本书不是哲学家对哀伤所做的研究的终结。当然，每个哲学家都希望自己是对的。但是，对哲学话语产生影响也同样重要。哀伤对于人生体验的重要性使它有充分的理由接受哲学的探索，然而，哲学在过去对哀伤的关注微乎其微，这着实令人惋惜。因此，本书对哀伤及其重要性的描绘和阐释，即便有缺漏，也会让哲学家们相信，哀伤这一话题配得上更好的探讨。

———————

在探索开始之前，我先按章节顺序简明扼要地介绍本书的内容。读者如果急于开始，尽可跳过这个部分。

他人的死亡会引起我们诸多的反应。稍微有道德敏感性的人，听到有人死亡时至少都会感到些许沮丧。然而，在我们对他人的所有情感反应中，仅有一些反应称得上是哀伤反应。本书第一章首先探讨了对他人死亡产生的哀伤反应与其他反应究竟有何不同。这一章针对哀伤的可能性提出问题：我们为谁而哀伤？在这个人身上，或是我们与之的关系中，究竟是什么导致我们为他/她的逝去而哀伤？我在这一章论证了，我们把自己的实践身份[1]（practical identity）投入到一些人身上，也就是说，在我们的理想和追求，以及自我认知的方式和生活的价值取向中，这些人起着至关重要的作用。因此他们的离世让我们悲痛欲绝。这一观点既有助于解释C. S. 路易斯所承受的那种哀伤（即至爱之人或家庭成员去世时感到的哀伤），又可以解释那些我们不熟悉、与之不亲密的人（如艺术家、政治家或其他公众人物）辞世时引发的哀伤。

仅仅知道我们为谁而哀伤，并不代表我们就知道了哀伤的实质。本书第二章从哲学角度描述了哀伤的实质。具体来说，我首

---

1 "实践身份"是哈佛大学哲学教授克里斯蒂娜·科尔斯戈德（Christine M. Korsgaard）在《规范性的来源》（*The Sources of Normativity*）一书中提出的一个自我认同概念。实践身份能让一个人确定自身的价值，发现生活及行动的意义和价值。本书作者在第一章第5节对这一概念也做了比较详细的阐释。——译者注

先论证了哀伤与恐惧、愤怒等情感的不同。哀伤不是单一的状态，而是一系列的情感状态。伊丽莎白·库伯勒-罗斯（Elisabeth Kübler-Ross）用她知名的"哀伤的五个阶段"模型推广了这一观点。在这个模型中，哀伤是一个过程，会经历"否认—愤怒—协商—抑郁—接受"这几个阶段。后来经学者研究发现，库伯勒-罗斯的模型从宏观上看是正确的，但从哀伤的细节看，这个模型在通常情况下都是错误的。哀伤的确涉及多种截然不同的情感，但是，许多人并没有完全经历过这五个情感阶段；或者即使经历了，也未必会完全依照这样的顺序发生（通常他们首先经历"接受"，这也不足为奇）；又或者除了这五个，还经历了其他情感（内疚、恐惧、困惑等）阶段。其次，我论证了人们应当把哀伤视为由情感驱动的关注。哀伤是对他人的死亡产生的反应，它不一定会立刻显露出逝者的重要性，而是会促使我们注意到他们的死亡并思考他们的死亡对我们产生的影响。最后，我说明了虽然哀伤不是我们能够决定的一个过程，但它是对我们的选择和行动产生回应的一种活动，并且有清晰可辨的目标。哀伤作为情感所具有的这三个特征（即它是一个过程、一种关注、一种活动）以及第一章论证的与哀伤的可能性有关的结论让我们知道，哀伤的对象（最终作为哀伤目标的客体）是哀伤者与逝者的关系，这种关系因为后者的离世彻底改变，不可逆转。

在这之后，我们的哲学探索来到与哀伤有关的若干个基本伦理问题。本书第三章和第四章探究了哀伤所带来的主要伦理困境：哀伤本质上是痛苦、悲伤的，但它似乎有能够提升人们整体福祉的能力。事实上，许多人甚至愿意沉溺于丧亲之痛。这种矛盾叫作"哀伤的悖论"（paradox of grief）。第三章提出了假设：哀伤涉及对一种不可或缺的关系的持续而多样的情感关注，而这种关系必然因为一位参与者的死亡而改变；因此，哀伤的存在有着独特性，它能让我们获得自我认知，尤其能够认识自己的价值观、情感倾向、所在意的人或事等构成"实践身份"的一切因素。依恋之人的死亡会引发我们与其的关系"危机"，从而引发我们自己的身份危机。我们与他人的关系危机强调了我们的价值观、责任和所在意的人或事不是想当然的"既定事实"，而是依存于我们与其他凡人之间的关系。这些人一旦死亡，我们与他们的关系就可能——事实上肯定——会改变。弄清楚这些关系如何改变是一大挑战，也是关于哀伤的核心谜题。当哀伤让我们获得宝贵的自我认知时，挑战性的难题便迎刃而解。

此论证说明，哀伤本质上是痛苦、悲伤的，但也对我们有益处。然而，这一论证并没有完全解释为何人们常常寻找经历哀伤的机会。第四章说明了哀伤经历着实痛苦，但它可以成为更宏大的有价值的活动中不可或缺、值得拥有的组成部分（这如同艰苦的体育训练，经历的痛苦都是值得的，因为痛苦是有价值的活动的固有因素）。

与哀伤有关的第二个基本伦理问题是：哀伤是否是理性的？有两个观点否认理性哀伤之可能性，第五章举证反驳了这两个观点。第一个观点认为，哀伤是与理性无关的，完全不受理性评估。第二个观点认为，哀伤必然是非理性的。我认为，哀伤可能是理性的，这种理性主要是回顾性的，要根据哀伤的经历，以及体现哀伤的情感在多恰当的程度上反映了哀伤者和逝者关系的重要性来判断。在我看来，理性的哀伤经历无论是在质性上还是分量上，都与失去至亲之人一事相适应。也就是说，当我们以正确的情感、恰当的情感强度面对我们与逝者关系的丧失时，我们的哀伤就是理性的。我在第五章的结论中提到，虽然从这方面来看哀伤可能（而且常常）是理性的，但是深陷哀伤的个人，在必须做出与逝者或濒死之人有关的决定时，往往无法保持理性。

已故哲学家罗伯特·所罗门（Robert Solomon）提出，"人有哀伤的义务"。本书第六章就探索了人是否有此义务。有些人因为没有哀伤或者哀伤程度不强而常常遭到公开的道德批评。我认为，无论把哀伤视为我们对那些和我们一样为同一位逝者而哀伤的人应尽的义务，还是视为我们对逝者应尽的义务，都是对哀伤义务的误解。这两种义务都没有体现第一章和第二章中论证的以自我为中心的哀伤的本质。相反，是否应尽哀伤义务应该由当事人自己来决定，这也是对自己应尽的义务。哀伤的义务建立在追求深刻的自我认知（如认识自己的价值观、性格等）从而理性地追求对善的认识这种义务之上，这和第三章的结论不谋而合。因此，哀伤的义务来源于道德要求——尊重并完善自我，从而成为理性的能动者。

第七章在心理健康和治疗的语境下探讨哀伤。我们在前面说过，古代哲学家认为哀伤代表了理性或自控力的丧失，并为之忧虑。这样的担忧源自"视哀伤为疯癫"这种长盛不衰的文化模式。大约十年前，美国精神医学学会（APA）推出了《精神障碍诊断与统计手册》（*Diagnostic and Statistical Manual of Mental Disorders*）的新版本，提议改变哀伤的地位，摒弃"哀伤是对丧亲的'正常'反应"这一观点（尽管哀伤与抑郁症等公认的心理疾病有颇多相似之处），提出"复杂性哀伤障碍"这一全新的概念。自此，与哀伤和精神障碍有关的问题走进大众视野。然而，将哀伤"医疗化"的观点很快遭到驳斥。第七章论证道，尽管有时对哀伤者进行心理健康治疗是合适的，但我们应当抵制将哀伤医疗化。通常，哀伤与精神障碍很像，比如哀伤会降低我们的幸福感，妨碍我们每天正常的生活或工作，但它几乎总是代表着对他人离世而产生的健康反应——它不是一种病状，它是善的象征，而善是心理健康的基础。当然，一个悲痛欲绝的人会生病，生病就需要就医，但即使疾病的源头是哀伤，哀伤者也几乎不会因哀伤而生病。将哀伤的医疗常规化，弊大于利。

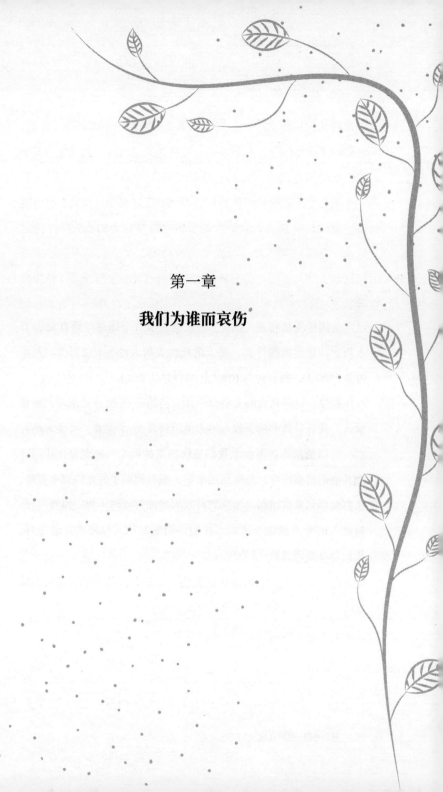

第一章

我们为谁而哀伤

美国中央情报局（CIA）的数据显示，全球每年约有5500万人死亡。依此数据计算，每天的死亡人数大约为15.2万人，每小时为6300人，每分钟为105人，每秒钟为2人。[1]

　　我想，这些死亡的人中会令你哀伤的并不多。（我毫不迟疑地承认，我只对其中极少数人的去世感到哀伤。）当然，其他人的死亡——即使是那些不会令我们哀伤的人的死亡——也会让我们产生其他的情感反应。当听到凶杀案，或听到弱小的人惨遭杀害时，我们会感到非常愤怒；当听到种族灭绝的行径时，我们惊恐万分；当熟人的亲人离世（比如当我们得知朋友的父母溘然长逝）时，我们会自然而然地泛起同情心。

1　*World Factbook* (https://www.cia.gov/library/publications/the-world-factbook/index. html, accessed January 8, 2017).

我们为许多死者哀悼。有时我们把哀悼和哀伤视为同一现象。但是，两者虽有联系却截然不同。我们会看到，哀伤是一个个体对其他个体的死亡产生的独特的个人情感反应，其核心是一个心理现象。哀伤是我们的"内在"对生命中重要之人的死亡产生的情感。我们理解和描述哀伤的方式不是私人的，是文化适应的产物。但是，哀伤这一现象就其核心来说是私人的。相反，哀悼是公开的，它往往是一个仪式。许多哀悼者也哀伤。事实上，哀悼是哀伤的一个常见的表现方式，在这种情况下，哀悼是哀伤的公开或行为的方面。然而，没有哀伤的哀悼也是可能的，比如去参加葬礼，或者为死者默哀一分钟等。人类历史上一直有职业哭丧人，人们可以花钱去雇人哀悼，因为哀悼本身要实施一系列的行为。与之相反，雇人哀伤在逻辑上是行不通的，因为无法用金钱的刺激诱发哀伤这样私人的心理状态。无论多少钱都无法激励一个不相干的人像丧亲者那样对死者的离世难以释怀。因此，付钱给他人让其哀伤，这是不可能的，正如付钱给他人让他为了你而欢乐、为了你而睡着一样荒谬。

如果一个人对他人的死亡反应冷漠，那这个人也许有伦理上的缺陷；但是，如果一个人极少会哀伤，却不存在伦理缺陷。[1]因

---

1 事实上，反过来看似乎也是对的：一个人若对任何个体的死亡都会心生哀伤之情，代表他也存在伦理缺陷。我们在后面会看到，这种"普遍的"哀伤似乎说明当事者缺乏依恋或者缺乏特殊的关系。只有特殊的关系才会引发哀伤，才有助于实现美好而有意义的人生。

为哀伤是一种选择性的反应,这似乎也是哀伤本质的一部分。我们不可能也不应该对所有他人的死亡都心生哀伤之情。每个人的生命都很重要,每个人的死亡也很重要;但是,并非每个人的生命对我们每个个体来说都(同等)重要。因此,在我们对他人的死亡产生的诸多反应中,哀伤基本上是以自我为中心的。凶杀案让我们感到愤怒,是因为我们站在了受害者或受害者亲人的角度;我们同情另一个哀伤的人,降临在他/她头上的灾祸让我们也深感伤悲。然而,哀伤的发生乃是源于逝者对哀伤者产生的直接、重大的影响。

若另一个人的死亡对我们产生了特别重要的影响,我们就会哀伤。我称之为哀伤的"以自我为中心"(egocentric)的一面。请注意,这一术语并不包含"哀伤是自私的"这一含义。我会在本书论证,哀伤是自我关切的,从广义上说是自利的。哀伤可能对人们生活的影响至关重要,但哀伤的自利特点不会令人反感。人在哀伤时所表现出的对自我的偏爱或偏袒并不过分。

不是所有的死亡都令我们哀伤,(我坚持认为)我们不应听到有人去世就感到哀伤。若一个人的去世令我们哀伤,这必定是因为我们和这位逝者之间有着独特的纽带或联系。因此,我们在这一章迎接的主要挑战,是确认哀伤者和逝者必须是何种关系才能使他们的哀伤可以为人理解。我们将首先考虑三个貌似合理的假设来说明这一点,这三个假设成功地解读了比较典型的哀伤案例,但不足以解释非典型却真实的案例。于是，就哀伤者和逝者的关系，我给出了自己的阐述与论据——这种重要关系建立在身份投入（identity investment）的基础上。我认为这种阐述可以成功地解释典型和非典型的哀伤案例。

1. 亲密关系

哀伤所需重要关系中的第一种可能性是，哀伤者和逝者的关系必须属于亲密关系的范畴。在最典型的哀伤案例中，哀伤者和逝者之间的关系都是亲密关系。当双方（比如伴侣、亲子、兄弟姐妹）具有亲密关系的典型特征（温情、熟悉、了解对方的人生态度和日常习惯）时，哀伤的程度有可能特别强烈。在此类关系中，哀伤也可能是特别重要和宝贵的。同时，哀伤的发生，未必要求是双向的亲密关系。比如，胎儿流产会让准父母（尤其是妈妈）哀伤。尽管胎儿的习惯、态度、个性等都不像新生婴儿、儿童和成年人那样健全，但是准父母在经历受孕、怀孕和准备分娩的过程中和胎儿建立了亲密关系，[1]而胎儿却很可能尚不具备与父

---

1 有些文化中发展出了与流产相关的成熟且细致的丧葬仪式。现代日本就有追悼胎儿的民俗（日语汉字写作"水子供養"），以纪念流产、难产、堕胎的胎儿。这类民俗现已流传到日本以外的地方，参见 Jeff Wilson, *Mourning the Unborn Dead: A Buddhist Ritual Comes to America* (Oxford: Oxford University Press, 2008)。

母建立亲密关系所需的复杂的精神世界。

虽然我们与那些我们会因其去世而哀伤的人通常存在亲密关系，但是，在引发哀伤的所有关系中，亲密关系似乎并不是决定性的特征。有些我们几乎不了解甚至陌生的人去世，我们也会哀伤。社交媒体的兴起让我们清晰地看到，艺术家、音乐家、运动员或者政治领袖等公众人物去世时，许多并不了解他们个人生活的人也都会为之哀伤。如果把这些也归为哀伤的现实案例（我们没有理由质疑其感情的真实性），那么，从任何意义上说，亲密关系都不是因某人死亡而引发他人哀伤的必要条件。

人们很容易认为，对公众人物的哀伤不是真正的哀伤，因为崇拜者或仰慕者对公众人物的了解程度不足以引发哀伤。但事实上，在这种情况下，那些因公众人物的死亡而哀伤的人正在经历的的确是真实的哀伤，但他们所哀伤的是公众人物，而不是有血有肉的个体。约翰·F.肯尼迪遭到暗杀，那些为他的死亡而哀伤的人，是在为作为战争英雄和总统的肯尼迪而哀伤，而不是在为一个他们无权了解其日常生活的人而哀伤。为流行音乐家大卫·鲍伊的去世而哀伤的人，是在为作为明星的鲍伊（也许是他的若干个舞台角色）而哀伤，而不是在为鲍伊的家人和好友所了解的鲍伊这个有血有肉的人而哀伤。这样的推测有其合理性。诚然，在今天这种信息饱和的媒体环境里，人们有可能和公众人物有某种最低程度的亲密关系。比如，一个人如果阅读了曼德拉的自传，在新闻里目睹了他从事的活动，似乎就会对他有足够的了解，在其去世时就不只是为他的公众形象而哀伤。尽管如此，对公众人物的逝去产生的哀伤之情，其焦点却依然是他们在大众印象中的人设，如他们的成就、可以观察到的个性特征和价值观。由此可见，公众人物的人设和其亲友哀伤的那个有血有肉的个人之间必然存在差别。

但是，上述推测并不代表对公众人物的死亡产生的哀伤之情就是虚假、伪善的，算不上充分意义上的哀伤。相反，如果我们把哀伤的范例（唯有与我们关系亲密的人才会引发我们的哀伤）视为哀伤的标准去判断我们可能为谁哀伤，上述推测足以说明这么做是危险的。毫无疑问，伴侣在我们生活中扮演的角色与我们喜爱的爵士乐艺术家或知名人权活动家所扮演的角色迥然不同。这种差异只能说明我们对伴侣的哀伤方式可以且应当不同于我们对爵士乐艺术家或人权活动家的哀伤方式，而不能说明我们和后者没有亲密关系就不可以或不应当为他们的离世深感哀伤。事实上，对另一个人的死亡感到哀伤所需的亲密感略可不计，这着实让人震惊。一个人在孩童时被人收养，成年后得知生母的名字，终生未与生母有过接触。他完全不了解自己的生母，和她没有丝毫的亲密关系，但当听闻生母死亡时，他会哀伤不已。我以为，这不难想象。（我们甚至可以认为，这是为"想象的"母亲而哀伤的。[1]）这个例子说明，与其说哀伤与个人现实生活有关，不如说与个人的心声有关，我们会在本章后面继续讨论这一点。

2. 爱

哀伤的产生所需的重要关系有第二个可能性，那就是我们为所爱的人哀伤。我无意在这里尝试解决与爱有关的哲学问题，我不能摆出解决棘手问题的架势。然而，要理解为什么"我们为所爱的人哀伤"这一假设不足以成为判断"我们为谁而哀伤"的标准，并不需要从哲学角度定义什么是"爱"。前文在反驳"哀伤需要亲密关系"这一观点时提供的一些反例在这里同样适用。那些为公众人物而哀伤的人爱他们吗？我们委实不敢轻信。那么，爱的是他们的音乐？他们的艺术？他们的政治立场？他们高超的运动技能？是的。但我们对公众人物的仰慕、尊崇或羡慕无须上升到爱的层面。

事实上，我们甚至无须喜欢那些我们为之哀伤的人。古巴领袖菲德尔·卡斯特罗（Fidel Castro）是肯尼迪政府42次暗杀计划

---

1 参见Kathryn J. Norlock, "Real (and) Imaginal Relationships with the Dead," *Journal of Value Inquiry* 51 (2017): 341-56。作者在文中强调，我们与逝者的关系常常以"想象的"方式（比如与逝者对话）继续存在。

的目标，但据报道，肯尼迪的死亡令卡斯特罗感到悲伤。可见，敌人或对手也会为对方的死亡哀伤。

"哀伤以爱为前提"的假设与事实也是相冲突的：我们痛恨的人离世也会引发我们的哀伤。人们常常会注意到，哀伤中掺杂着许多矛盾的情感。哀伤与这些矛盾的情感杂糅并不是因为哀伤者和逝者的关系是矛盾的。一个我们对之怀有矛盾情感，甚至憎恶的人死亡时，我们也可能会感到哀伤。即使一个人令我们感到极度失望或愤怒，我们也依然会因为他的死亡而哀伤。我们知道，当父母撒手人寰时，那些曾被其虐待或遗弃的孩童也会哀伤。哀伤与冷漠并不相容，但是它与爱和恨都是相容的。至少我们不应当贸然否认哀伤者对逝者可能怀有矛盾的情感。

3. 依恋

一个人的去世令我们哀伤的第三个可能性是，我们与逝者之间存在依恋关系。一个人依恋另一个人，通常二者的关系有如下几个特点：

（1）依恋者渴望接近被依恋者，并与之互动；

（2）当依恋者离开被依恋者，往往会经历痛苦；

（3）依恋者与被依恋者在一起时有安全感；

（4）被依恋者需满足（1）—（3）这些符合依恋者需求的关

系特征。[1]

对逝者的依恋是哀伤发生的一个条件，该假设颇有希望，它有助于解释哀伤以自我为中心的特性。我们所依恋的人逝世，我们为之哀伤，把他们的死亡视为自己的损失，这一点是合理的，因为我们对他们有着独特的情感依赖。他们的死亡预示着我们安全感的降低，而且其他人都无法弥补这种损失。此外，我们在第二章会探讨，哀伤的阶段可能会包含许多不同的情感状态，其中就包括焦虑。倘若依恋决定了我们为谁而哀伤，那么这种情感状态便是情理之中的。

但是，我们必须持审慎的态度，不要误以为典型的哀伤案例可以代表所有哀伤案例。到目前为止，我们援引的案例好像没有涉及哀伤者对逝者的特别浓厚的依恋。那些为公众人物或为从未见过的亲生父母而哀伤的人与逝者并没有依恋关系。同样，准父母也会为人工流产的胎儿而哀伤，但是，这样的父母似乎不太可能在情感上依赖胎儿。此外，当逝者依恋哀伤者而哀伤者并不依恋逝者时，哀伤也常常会发生。毫无疑问，许多父母依恋自己的孩子。孩子不在身边时他们会感到痛苦，他们渴望靠近孩子，认为孩子不可取代。但是，并不是所有的父母在情感上对孩子的依赖都能达到"依恋"这个概念所指的程度。比如，他们可能享受

1　Monique Wonderly, "On Being Attached," *Philosophical Studies* 173 (2016): 223–42.

孩子的陪伴，但这并不意味着没有孩子陪伴他们就会痛苦或没有安全感。

4. 幸福

人们容易认为引发哀伤的条件是我们必须与逝者是亲密关系，或者必须爱他们抑或依恋他们，但上面的分析证明了这些假设理由不充分，因为它们忽视了引发哀伤的其他类型的关系，或者把人们最熟悉、最生动的哀伤案例的特征错误地视为一般意义上的哀伤的特征。我摒弃这些假设，并非想说亲密关系、爱或依恋与哀伤无关。我们在后面的章节会看到，我们哀伤的程度以及我们应当哀伤到什么程度，都取决于引发我们哀伤的逝者和我们现在（或者过去）的关系的本质。伴侣和兄弟姐妹的去世所引发的哀伤有所不同，也应当有所不同；同事逝世，我们对其的哀伤之情有异于，也应当有异于对精神楷模的哀伤之情；而对于体育明星和老邻居的辞世，我们的哀伤有所差异，也应当有所差异。人际关系纷繁复杂，哀伤自然具有多样性。但是，与逝者的关系究竟需要有什么特征才会引发（不同于悲伤、怜悯等情感反应的）哀伤之情呢？要辨认这些特征，依旧是一个需要努力攻克的课题。

为了进一步辨认这些特征，我们先回顾一下之前提到的哀伤以自我为中心的一面。哀伤，不同于我们对他人的死亡产生的其他情感反应，它以自我为中心，因为逝者对我们极为重要。他人的死亡是我们的重大损失，因为我们从此失去了他们在世时给予我们的各种东西。朋友的离世意味着我们失去了陪伴；同事的离世让我们没有了工作上的扶持或灵感的源泉；而伴侣的离世让浪漫的爱情和共同追求的生活目标从此离我们而去。哀伤的感觉就好像疼痛的伤口，它对我们的幸福遭受的威胁做出反应。因此，那些曾为我们带来幸福的人的死亡令我们哀伤。

这个思路看似合理，但是言过其实。正如前面提到的，引发我们哀伤的人不完全是那些让我们的生活更加美好的人。那些让我们极其失望的人离世也会令我们哀伤。有些人与我们相处的时间短暂，不足以为我们带来幸福；然而，他们的死亡也令我们哀伤。比如，父母为流产的胎儿而哀伤；一个人哪怕昨天刚爱上另一个人，后者的死亡也会让他哀伤。这一切都不足为奇。在这些案例中，引发哀伤的并不是逝者生前为哀伤者的幸福所做的实际贡献。确切地说，哀伤者希望（或曾经希望）逝者会在很大程度上促进自己的幸福，但即使因为偶然因素或者个人的失败未能达成，逝者的离开也依然会引起生者哀伤。

这些观察结果说明，哀伤与幸福的联系比看起来的要复杂得多。我们确实为那些我们认为会促进（或促进过）自己幸福的人而哀伤。但是，有些人的行为、选择、态度对我们的幸福产生过影响（或者我们认为会产生影响），他们的死亡也会引起我们哀伤。倘若一个人影响了我们认识自我，影响了我们的生活和关切之事，在我们的世界观中占有明显的地位，此人的离世也会引发我们哀伤。

5. 在逝者身上投入实践身份

我认为，实践身份的投入能将所有我们为之哀伤的人统一起来。我们每个人都有认同的责任、价值观和关切之事。这一套价值认同指导着绝大多数人的选择和行动，它涵盖了对人们产生久远影响的一切事物。从这方面看，这些责任、价值观和关切之事有助于塑造我们的生活，为生活指引方向。我们援引这一套价值认同来解释自己为何要做出生活中关键的选择；当他人误解或质疑我们的言行时，我们可以做出解释，赋予我们的生活一定程度的尊严。因此，这些责任、价值观和关切之事定义了我们，从实践意义而非抽象意义上让我们（和这个世界）了解自己的本质：我们的本质中究竟是哪些因素决定了我们的价值，让我们值得对自己投入注意力和精力。这些责任、价值观和关切之事一旦有所缺失，我们对自己的投入就会变得难以理解，并且似乎毫无道理。倘若没有这些，我们就会被剥夺作为"现实存在的人"（即有理由解释自己选择的主动的人）所需的资源。

克里斯蒂娜·科尔斯戈德为描述责任、价值观和关切之事创造了"实践身份"这一有用的术语。她强调说，实践身份不只是价值观，它还为我们提供了根据，让我们可以认识自己的内在与周遭有哪些因素有价值。科尔斯戈德写道，你的实践身份就是"一个描述，一个能让你确定自身的价值、发现生活及行动的意义和价值的描述"。[1] 颇为重要的是，我们的实践身份中的许多因素必定涉及他人及他人的实践身份。科尔斯戈德称，实践身份的因素包括人们"在种族或宗教团体、事业、职场、行业和办公室中的角色、关系、公民身份和成员身份"。[2] 因此，许多个体在我们的实践身份中起着不可或缺的作用。严格来说，没有这些个体，我们的实践身份将是不可能或不合逻辑的。当然，不同的个体对我们实践身份的影响也不同。比如，我们和自己的榜样没有亲密关系，也不了解他们，但他们能通过帮助我们弄清楚自己关切的事来塑造我们的实践身份；其他人——如配偶或恋人——是我们爱的对象，关爱我们，与我们分享价值观和人生目标，这是他们对我们实践身份的影响；此外，我们的某些责任或目标只有在履行和达成的过程中被我们的对手或敌人

1　Christine Korsgaard, *The Sources of Normativity* (Cambridge: Cambridge University Press, 1996), p. 101.

2　Korsgaard, *The Sources of Normativity*, p. 20.

妨碍时，才会有意义。可见，我们的实践身份以多种方式投入于他人的存在之中。实践身份投入的程度决定了我们会为他人的死亡而哀伤的程度——这是适当的。一个人对我们实践身份的影响愈重要，我们愈有理由对他的死亡感到哀伤。

实践身份的投入有程度的轻重之分，因此，我们受哀伤的影响有大小，哀伤本身也有强弱。我们可能（而且应当）为谁哀伤，我们不可能（而且不应当）为谁哀伤，这之间可能没有"明确的界限"。但是，有些个体会对我们的自我认知和实践身份产生不可估量的影响。对于他们的逝去，我们最容易哀伤。

设想一位有经验的观察者正在撰写某个人的传记。这本传记必然会提到此人的各种人际关系。从"关系"这个词最广泛的意义来说，我们的人际关系很广泛：和朋友、家人的关系，和我们的管道工、税务会计等的关系。传记作者在撰写此人的生平时，不会赋予所有的社会关系同等的重要性，因为只有部分关系对主人公理解自我和生活更为重要。这些关系是建构身份的关系，作者如果将其省去，传记就无法完整。如果不关注这些关系，传记在某种关键的意义上就不是这个人一生的"完整的故事"。

他人的死亡若是"扰乱"了我们的自传，这些人的逝去就值得我们哀伤。这有助于揭示哀伤的一个更具体的情感特征。对许多人来说，哀伤就像是自我的丧失，是一种失去。"我失去了自我的一部分。"许多深陷哀伤的人都曾这样说。[1]这句话强调了哀伤使人迷茫，让人痛苦。我们为一个人的辞世哀伤，他的缺席会渗透到我们与他人或者其他事物之间的互动中，让日常生活从此变得陌生或不自在。以往至关重要的行动或事件如今不再那么重要了，过去无关紧要的行动或事件如今又重要起来。长期以来的思想和感情的固定模式突然间显得很奇怪。因为这个世界感觉突然变得陌生了，自我也感到了脱节或与之格格不入。哀伤使我们对自己陌生，不再认识自己，觉得自己几乎是没有形体的。琼·狄迪恩（Joan Didion）撰写的哀伤回忆录《奇想之年》（*The Year of Magical Thinking*）收获了大量读者。她在描述哀伤的冲击力时说，哀伤"具有毁灭性，扰乱身心"，最终让人"经历虚无"。[2]路易斯曾说丧妻犹如"截肢"，哀伤使他"感觉生活永远是暂时的"。[3]

为投入了实践身份的人的离世而哀伤有助于解释我们为何感觉自己很陌生，感觉周围的世界令人迷茫。从某种意义上说，我们为之哀伤的人对我们认识自我和其他事物的价值至关重要。他

---

1 Matthew Ratcliffe, "Grief and Phantom Limbs: A Phenomenological Comparison," *New Yearbook for Phenomenology and Phenomenological Philosophy* 17(2019): 75–95. 有人把哀伤比作"幻肢"，幻肢即感觉被截去或失去的肢体依然存在。作者在论文中对这种比喻做了探索研究。

2 Joan Didion, *The Year of Magical Thinking* (New York: Vintage International, 2007), pp. 188–89.

3 Lewis, *A Grief Observed*, p. 26.

们已经融入我们对自我和价值观的理解中，在我们的实践身份中起着关键的作用，因此他们的死亡是对我们的一个维度构成的威胁。我们的自我（在比喻意义上）已经丧失了一部分，丧失了现实的或者伦理的那部分。[1]投入了实践身份的人一旦死亡，我们的自我意识就会动摇，有时这种动摇甚至是颠覆性的（我们会在第三章进一步讨论这个主题）。

6. 哀伤的多样性

对投入了实践身份的人的离世感到哀伤也可以解释为何亲密的人、所爱的人、依恋的人离世后我们会哀伤。对于实践身份的影响，与我们有亲密关系的人通常扮演着尤为重要的角色。同样，我们所爱的人、情感上依恋的人也是如此。因此，我对哀伤的可能性（即两人的关系必须满足什么条件才会导致一个人的死亡合理地引发另一个人的哀伤）所做的阐述，可以解释为何用亲密关系、爱或依恋来划定哀伤的界限看似具有可行性。

然而，我们已经看到，用亲密关系、爱或依恋来阐述哀伤的

---

1 就哀伤的过程而言，"我失去了自我的一部分"的断言可能是真的。对这类形而上学的表达所做的研究可参见 C. E. Garland, "Grief and Composition as Identity," *Philosophical Quarterly* 70 (2020): 464–79; https://doi.org/10.1093/pq/pqz083。

可能性经不起反例的考验。但我提出的阐述方式可以很容易地应对这些反例。

以艺术家、音乐家、政治领袖或其他受人尊崇或仰慕的公众人物为例，他们的去世有时会让人们感到哀伤。倘若为这些公众人物的去世而哀伤需要我们把实践身份投入在他们身上，那么我们经历的哀伤就是真实的，可以解释的。就艺术家和音乐家而言，我们常常从他们创造性的作品和演出中获得愉悦。久而久之，我们常常会对他们的作品和演出产生期待，因为它们已融入我们内在的善恶观与价值观中。摇滚乐队"感恩而死"（Grateful Dead）的乐迷（自称为Deadheads）、贾斯汀·比伯的歌迷、甲壳虫乐队的狂热追随者，这些都是热忱的音乐爱好者，他们明显将自己的身份投入在自己仰慕的艺术家身上——热切地等待乐队或歌手宣布下一次巡回演出或者发布唱片，收藏演出纪念品，筹划与其他乐迷的社交聚会。这些仰慕者生活的方向依赖于艺术家的作品和演出。因此，艺术家的死亡让乐迷哀伤万分，理应如此。

就政治领袖而言，人们常常把他们视为个人希望或集体希望的承载者。身份投入就源自这一事实，哀伤也由此而生。亚伯拉罕·林肯的死亡就是一个再合适不过的例子。林肯（他本人也有过极度哀伤的经历）遭暗杀之后，载着他遗体的火车在美国180个城市停留，行过2500多公里。成千上万的哀悼者寻找机会瞻仰他的遗容，有的人默默等待5个多小时只为了在队伍中目送他的灵柩远去。特别是非裔美国人，他们中的许多人把林肯视为捍卫他们自由的先锋战士。因为难以接受林肯的死亡，他们沉浸在强烈的痛苦之中。曾经为奴的人说，"我们失去了我们的摩西"。还有一些人担心林肯的死亡预示着奴隶制的恢复。[1] 在美国以外的地方，也有人为林肯之死而哀伤。非常明显，他们的哀伤与自己的政治身份紧密相关。林肯的死在当时的德国和意大利引发反响，因为这两个国家和美国一样，正在面临民族统一的挑战。为林肯哀伤的还有欧洲反奴隶制的群体，以及捍卫法律秩序、对抗反逆力量的保守派。这些人在他身上、在美国建国这一典型的"美国实验"中看到了一个"代表自己憧憬的理想化愿景"。[2] 这也让我们再次看到，在解释哀伤时，身份投入的重要作用不言而喻。对于在美国以外为林肯哀伤的人，他们的幸福与林肯的去世无关，他们和林肯也没有重要的亲密关系，对其更没有情感上的依恋。但是，他们依然哀伤，因为他们在其中投入了自己的实践身份，林肯的死代表着他们在追求社会政治事业过程中的一次挫折和失败。

因为在某个公众人物身上投入了身份，所以人们会为那个

---

1 Martha Hodes, *Mourning Lincoln* (New Haven, CT: Yale University Press, 2015).

2 Matt Ford, "How the World Mourned Lincoln," *The Atlantic* online, April 14, 2015, http://www.theatlantic.com/politics/archive/2015/04/how-the-world-mourned-lincoln/390465/, accessed January 21, 2016.

人的死亡而哀伤。这一阐述同样适用于人们将公众人物视为楷模的情况。比如，初露头角的政治家可能会因为知名领袖的死亡而哀伤，因为他始终在效仿这位领袖的政治谋略或价值观。音乐家可能会效仿"吉他明星"的演奏指法或舞台角色。在这些情况下，一个人对专业或职业身份的理解与他们所效仿的公众人物紧密相关。

我对哀伤可能性的阐述也有助于解释这一现象：有些人令我们痛恶、失望，可他们的死亡也会让我们心生哀伤。痛恶和失望不是冷漠，我们可能不会对让自己痛恶、失望的人无动于衷，这正是因为我们的关系有"身份投入"这一特征。我说过，一个人的死亡引起另一个人哀伤，他们的关系必定具有这一特征。尽管有些人对我们的自我概念、善恶观和价值观产生过积极的影响，但我们也可能会痛恶他们，或对他们极度失望。出身军人家庭的士兵尽管喜欢并认同军事生涯，却会因父亲强迫他从军而心生怨恨。自己挣学费读完大学、读完研究生的学生可能会因父母没有供他上学而对其大失所望，但他可能也会把父母视为核心价值观的来源。这些实例都说明，他人的死亡令我们哀伤，未必是因为我们和他们的关系满足了自己的希望。这些关系只需是这些希望的来源即可。

此外，我的阐述还有助于理解短暂的关系以及"尚未开始就已结束的"关系中出现的哀伤。比如，父母可能对因自然流产或人工流产而失去的孩子的未来早已有设想和希望，并且已经把自己视为胎儿的父母。同样，一个人对他人一见钟情，而后者不久后死亡，可是他已经把后者纳入对未来的设想。这些关系没有足够的时间发展成亲密或者更深刻的关系，但这些人的死亡所引发的哀伤是合乎情理的。同理，被收养的孩子得知生母死亡亦会哀伤，恰好因为他长期存有好奇心：倘若和这位妈妈一起生活，她会如何塑造自己的人格或价值观呢？

这些例子说明，哀伤与事情的发展方向以及我们希望事情如何发展有关。我们为之哀伤的，未必是我们了解的人，也未必是给予了我们什么实际益处的人。事实上，我们为之哀伤的，是在我们的自我认知和生活态度中起关键作用的人。在他们身上，我们投入了自己的希望，投入了自己的实践身份——我们的伴侣、兄弟姐妹、同事直接影响了我们的生活，他们的去世必然使我们哀伤；但我们心仪的对象、我们人生抉择或事业的楷模、我们理想的承载者以更催人奋进的间接的方式影响着我们，他们的去世同样会引发我们哀伤。

7. 结论

为了了解哀伤的可能性，我们会面临常见的哲学挑战，即当一种现象有纷繁复杂的表征和特质时，我们该如何关注这种现象的基本特征。"实践身份的投入"的概念阐述了这些基本特征，解释了典型的（为配偶、父母、子女等而哀伤）与非典型的哀伤案例，并最终在这种多样性中发现了一致性。

对哀伤的可能性进行合理的阐述，尚有许多关键的问题没有得到解答。仅仅知道我们为谁而哀伤，依然无法准确解释我们哀伤的对象和原因（就好像你知道你要和谁共舞，但不能解释你们跳什么舞，为什么要跳这支舞）。这些是我们接下来要关注的问题。

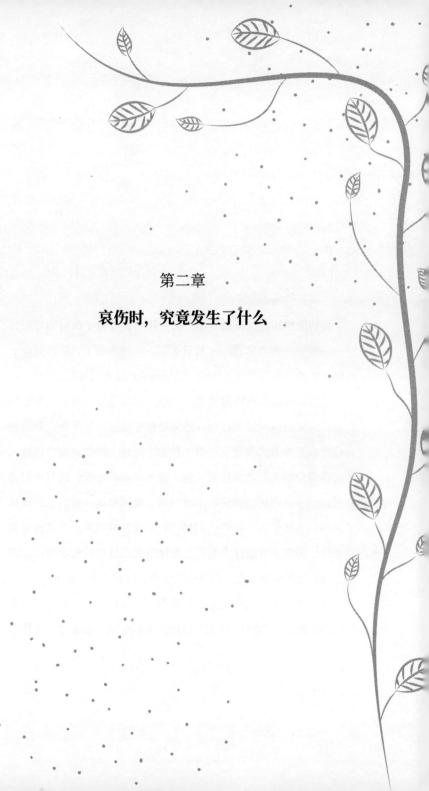

第二章

哀伤时，究竟发生了什么

我们既然知道为谁而哀伤，那么距离这部哲学指引的首要目标——辨识哀伤的实质——就只剩下一半的路程了。要走完余下的路，就必须尽力解开哀伤这一情感现象所呈现的难题。

　　情感往往也具有因果关系。例如，恐惧是消极情感，源于我们意识到威胁或风险的存在；感恩是积极情感，源于我们意识到自己曾以某种方式接受了恩惠、获得了好运。我们对被自己投入了实践身份的人的离世感到哀伤，能得出如此推断，说明我们已经辨识出了哀伤情感模式的基本因素。也就是说，我们已经确认了哀伤的直接原因。我们认识到与我们有某种关系的人离世会引发哀伤，但是这不能代表我们知晓这种哀伤反应的根本特征。因此，我们必须辨识哀伤之因产生的结果，探索哀伤的实质。

　　仅仅认识了谁的死亡会引发哀伤这一点还不够。要明确哀伤经历的实质，还需要应对几个挑战。我们在第一章说过，哀伤的经历因起因不同而大相径庭。我们为之哀伤的，有熟人，也有陌生人；有我们深爱的人，有时也有我们痛恨的人；有改善了我们生活的人，也有让我们的生活变得更糟的人；有的人与我们关系长久且刻骨铭心，有的人仅与我们有过转瞬即逝的交集。所以，要准确地描述哀伤的实质，就必须解释哀伤的内在多样性和人际多样性。前者指同一个个体对不同人的死亡会产生不同的哀伤反应，后者指不同的个体对同一个特定的人的死亡也会产生不同的哀伤反应。我们能从这种千差万别之中提炼出哀伤的本质吗？这将是本章面临的主要挑战。[1]

1. 情绪和过程

哀伤呈现出来的第一个复杂特征是，不同于大多数情感现象，它似乎不只是一种情感，而是一连串情感。在讨论对他人的离世所产生的反应的情况下提及"哀伤"时，"哀伤"有时仅仅

---

[1] 喜爱哲学的读者可能会认为，研究哀伤的实质需要回答关于情感实质的几个宏观的理论问题，如：情感是否和评价、见解一样，本质上是一种认知状态？情感是不是一种身体意识状态？情感是不是对世界事实的感知？人们谈论哀伤的实质时总是针锋相对，众说纷纭，而我将不遗余力地确保自己的立场是中立的。我认为，无须回答上述问题亦可领会哀伤的实质。我无法在这里论证这一主张，但我衷心希望，坚持各种理论立场且忠贞不渝的人们，会看到我对哀伤的实质所做的阐述与他们恪守的理论兼容不悖。

体现为极度悲伤的感觉，正如"经历哀伤的剧痛"所表达的感觉。20世纪的哲学家路德维希·维特根斯坦曾暗示说，这样的表达可能会让人们误以为"哀伤"等同于悲伤。维特根斯坦认为，"他感受到一瞬间剧烈的痛苦"这一说法没有问题，但是，"他感受到一瞬间深切的哀伤"的说法就有些"反常"，之所以反常是因为它把"哀伤"概念化为纯粹的"感觉"[1]或者"察觉"[2]。维特根斯坦论证说，哀伤与感觉或察觉不同，感觉或察觉是单一的状态，而且在时间上容易辨认开始与结束。相反，哀伤"描绘的是一种反复出现的模式，它在我们的生活中一再变化"。也就是说，哀伤涉及多种不同的情感，仅用某一种情感或情感反应来做类比，则不能完整地理解哀伤："如果一个人交替表现出悲伤和快乐的状态，比如随着时钟的滴答声交替，那么属于悲伤模式或快乐模式的特征就无法出现。"[3]我认为，维特根斯坦以其一贯晦涩的语言要表达的是，哀伤远远不止于情感上的"感觉"或者一连串有规律的"感觉"。与忧伤、快乐、愤怒、恐惧等比较基本的情感相比，哀伤在情感上更显著且结构性更强。事实上，一段哀伤的经历常常包含许多这样的基本情感。

1　Ludwig Wittgenstein, *Philosophical Investigations*, G.E.M. Anscombe, trans. (Oxford: Basil Blackwell, 1958), part II, chapter 1, p. 174.

2　Wittgenstein, *Philosophical Investigations*, part II, chapter 9, p. 187.

3　Wittgenstein, *Philosophical Investigations*, part II, chapter 1, p.174.

倘若维特根斯坦是正确的，那么哀伤与其他大多数情感之间的一个差异是：哀伤持续的时间更长。这一论述暗示了一种可能性：哀伤不是一种情感，而是一种情绪（mood）。毕竟，情绪常常比普通情感持续更久。"坏情绪"会产生一个小时、一天甚至一周的负面影响。哀伤与情绪一样都会影响更具体的情感反应。例如，一个情绪暴躁的人会出人意料地采取敌对、轻蔑等极端的方式对特定事件做出反应。哀伤也同样会有此特征。哀伤者会觉得原本令人愉快的活动突然变得索然无味，在原本不会流泪的场合号啕大哭，因他人微乎其微的过失而勃然大怒。由此看来，哀伤可与情绪相提并论，它是无孔不入的"元情绪"（meta-emotion），是一种影响我们对世界的反应方式的情感框架。

然而，若把哀伤归类为情绪又是错误的。其中一个原因在于，情感和情绪迥然不同，情感有对象，情绪却没有。[1]我们可以这样解释这一点：情感通常指向事实，而事实通常能够使情感得以被解释或理解。比如，有人因遭到侮辱而勃然大怒，发怒的对象是侮辱（或那个施加侮辱的人）。这里的发怒，针对的就是侮辱。情绪则不然。情绪有起因，但似乎没有对象。我们的情绪可能由具体事实引发，但并不以那些事实为对象。比如，一个人没有吃午餐，因而情绪变得暴躁；但是，暴躁的情绪并不以没吃午餐为对

1　Achim Stephan, "Moods in Layers," *Philosophia* 45 (2017): 1481–95.

象。我们已经看到，哀伤有清晰明确的起因，即一个被我们投入了实践身份的人离世了。然而，哀伤绝非"没有对象"的。本章会进一步论证并以事实证明，哀伤的确有特定的对象，而且这一对象使哀伤得以被解释和理解。

本章后面的部分会阐述哀伤的对象，即人们在哀伤时所针对的那个实体。在此之前，我们还要考究"哀伤是一种情绪"这一观点为什么无法立足。情绪固然会持续很长时间，影响人们的情感反应，但它只以一种方式在影响。情绪忧郁的人会更频繁地以更忧伤的心情面对各种事件；情绪愉悦的人则更频繁地以更快乐的心情对各种事件做出反应。然而，正如维特根斯坦所认为的，哀伤确实可以表现为悲伤，但哀伤始终包含多种截然不同的情感状态。因此，与其说哀伤是一种情感，不如说它是一种情感模式或一个情感过程。这一观点后来由伊丽莎白·库伯勒–罗斯[1]和约翰·鲍比（John Bowlby）[2]在"哀伤的五个阶段"模型中推广。但后来的研究发现，五个阶段的理论并不正确，至少"否认—愤怒—协商—抑郁—接受"这五个阶段的形式几乎可以肯定是错误的。许多哀伤的人并没有全部经历过这五个具体阶段；即使经历了，也未必是依照这样的顺序发生；更有人在哀伤中经历了其他情感

1　Elisabeth Kübler-Ross, *On Death and Dying* (New York: Scribner, 1997).

2　John Bowlby, *Loss: Sadness and Depression* (New York: Basic Books, 1982).

（恐惧、内疚等）阶段。[1]尽管如此，人们还是广泛认可了哀伤是一个情感过程，蕴含悲伤和其他情感状态或情感反应。我们不应该误解该观点。哀伤是一个多阶段的过程，这并不意味着过程中的各个情感阶段之间会有分明的时间界限。例如，一个痛失亲人的人会同时感到悲伤和愤懑。同样，一段哀伤经历的开始可能是模糊的，尤其在一个人预料到亲人未来会死亡的情况下。哀伤何时终结，也可能是模糊的。许多临床研究证实，在我们以为哀伤已经结束或消失时，那种与之类似的情感可能会再次出现。[2]哀伤是一个多阶段的过程，这也不排除（维特根斯坦所说的）它会再次出现或周期性地发生，而且在特定的哀伤经历里，某种特定的情感状态也会反复出现。

1 Paul K. Maciejewski, Baohui Zhang, Susan D. Block, and Holly G. Prigerson, "An Empirical Examination of the Stage Theory of Grief," *Journal of the American Medical Association* 297 (2007): 716–23 (通常被称为 "耶鲁丧亲之痛研究"，Yale bereavement study); George Bonanno, *The Other Side of Sadness: What the New Science of Bereavement Tells Us About Life After Loss* (New York: Basic Books, 2009); and Ruth Davis Konigsberg, *The Truth About Grief: The Myth of Its Five Stages and the New Science of Loss* (New York: Simon & Schuster, 2011).

2 J. William Worden, *Grief Counselling and Grief Therapy* (New York: Springer, 2009), pp. 140–42.

2. 在多样性中找到一致性

哀伤是一个多阶段的过程，这说明它具有内在多样性和人际多样性：同一个个体对不同人的死亡会产生不同的哀伤反应，不同的个体对同一个特定的人的死亡也会产生不同的哀伤反应。此外，哀伤是一个包含多种情感状态的过程，这一事实增加了其所含阶段的多样性：有些哀伤过程中包括抑郁，有些则不会；有些哀伤过程中包括愤怒，有些则不会；如此等等。

哀伤是情感过程的论点在解释哀伤过程的多样性时是有其价值的。然而，有人会质疑，该论点在解释哀伤过程的一致性时是否缺乏说服力？毕竟，我们也可以不把哀伤描述为对他人的死亡产生的单一、连贯的反应，而是把它描述成原因相同、特征各异的一系列结果。假设赫克托对伊凡的死产生了一系列的情感反应：悲伤—愤怒—接受。如果不遵从传统，也不图方便，我们凭什么把这些特征各异的情感归于一段哀伤经历（赫克托因伊凡的死而哀伤），而不是一连串互不相关的情感事件呢？我们同样可以把哀伤描述为原因相同、互不相关的一系列情感反应（赫克托因伊凡的死而悲伤、赫克托因伊凡的死而愤怒、赫克托接受伊凡的死）或者对不同现象产生的一系列反应（失去伊凡令赫克托悲伤；伊凡之死的不公令赫克托愤怒；伊凡已死，赫克托接受了这个事实）。哀伤是情感过程的论点似乎可以解释哀伤过程的内在多样性和人际多样性，但我们有理由说，它无法解释"哀伤过程本身就是具有一致性的情感事件"这种更基本的主张。是什么因素把构成哀伤的情感状态统一成一致的整体？如果不解释这个问题就将哀伤视为情感过程而非一系列情感状态，便可能是错误的。

既要承认哀伤过程的多样性，又要解释哀伤过程的一致性，这一难题令人生畏。若再考虑哀伤的另一个特征——哀伤是一种活动，难题则变得更为棘手了。

3. 哀伤是一种活动

人们常常认为，情感经历本质上是被动的。我们对周围的事件产生情感，而我们对情感的控制或能动性大多是间接的。我们常常可以通过影响发生在自己身上的事件，从而影响我们的情感。（就比如我意识到自己在拥挤的杂货店里容易烦躁，于是尽量在店里顾客少的时候去购物。）但是，因为周围什么事都可能发生，所以我们影响自己情感的能力是非常有限的。（我也许有能力计划当天的时间安排，尽量避开本地杂货店拥挤的人群；但是，一旦走进拥挤的店铺，我肯定又要烦躁。）我们的选择和行动可能不受制于世界，但是，我们的情感好像在很大程度上受制于发生的事件，这些事件会促使我们的情感发生。

"情感困扰着我们，面对这种现象我们常常无能为力。"倘若这样刻板地描绘情感，定然言过其实。我们无法通过意志力让情感诞生或消亡，所以无法控制自己的情感。但是，随着时间的推移，我们的情感可以被管理，而且我们有可能改变自己情感反应的模式，让它更健康、更睿智、更理性。

哀伤作为一种典型的情感状态并不只是被动的。情感会促使行为产生。哀伤是一个过程，因此会产生行为。也就是说，哀伤一旦开始，它就创造了感受与行动的动力。哀伤过程的初期往往是悲伤。悲伤的情感产生了行为，这些行为包括参加纪念逝者的仪式，即哀悼。[1]一个哀伤的人参加逝者的葬礼，来到逝者的墓前，与其他哀伤的人拥抱，完成丧葬仪式的各项程序，这些是悲伤的行为表征。但是，随着哀伤情感的发展，它的基调会逐渐发生变化，具有哀伤特征的行为也会随之改变。一个人在哀伤时，可能会愤懑，并在愤怒之中抛弃深爱的逝者的一些物品。后来，这个人的哀伤也许会变成欣喜或接受，所以可能会后悔自己抛弃了逝者的物品，然后再花大量的时间去整理逝者的照片或纪念物。名词"哀伤"可能让我们忽视了哀伤——或者更准确地说，经历哀伤——是一种活动，而不单纯是一系列被动的情感状态。在哀伤

---

1 我再次把哀悼视为哀伤的一个表现方式；但是，不是所有的哀伤都是哀悼，也不是所有的哀悼都是哀伤。我在第六章研究人是否有哀伤的义务时，会详细阐释哀悼与哀伤的差别。

的过程中，感受和行动常常以复杂的方式相互作用。哀伤的人用选择和行动对哀伤的情感状态做出反应。而且，这些选择和行动可以塑造未来哀伤的情感轮廓。由一种情感引发的选择或行动有时会促使哀伤者进入下一个哀伤"阶段"。

我把哀伤描述为一种活动，并不是想说哀伤是一个我们能够完全控制的情感现象。我只想强调哀伤是一个动态的过程，哀伤者在这一过程中经历了各种情感，而且该过程也塑造了这些情感以及这些情感被赋予的意义。在这一点上，经历哀伤就好像即兴音乐演奏。一位乐手接到的总谱是他即将开始的演出活动的模板。但是，他在即兴演奏中会采用不同的节奏和音高，事实上他"创作"了一首技术参数最初由总谱设定的新曲子。同理，经历哀伤是一个过程，哀伤者在这个过程中经历的情感顺序不完全由自己选择，但是，他可以赋予其意义，并且这种意义超越了哀伤各阶段的情感本身。

因此，尽管我们不能像创作乐曲一样可以"编排"哀伤，却也不是被动地旁观哀伤。哀伤是我们主动做的事，不是降临在我们头上的事。

然而，哀伤过程究竟如何具有一致性从而可以被归为一致的，而不是一连串互不相关的情感状态？很不幸，要理解这个问题，哀伤的第二个特征——哀伤过程是一种融合了感受和行动的活动——并不能提供帮助。相反，我们有理由认为，这一特征提高了该问题的难度。

请注意，只有在不同哀伤过程的情感状态具有潜在的一致性时，哀伤才是一种活动。一个人在哀伤中会经历诸多情感状态，我们可以说这些情感状态所产生的多种不同的选择或行动构成了一次活动。那么，我们这么说的依据是什么？我们参与过许多活动，其中都包含各种选择和行动。在这些活动中，选择和行动的可理解性和意义要从更宏大的活动的目的和意义中得出。我们再用即兴音乐演奏来类比解释这一点。乐手在即兴演奏时需要现场做出许多选择，比如何时变换节奏，何时调整音高，等等。但是，无论是在概念上还是在实践上，这些选择以及根据选择所采取的行动都是互相联系的，因为它们都是演奏某一首乐曲的组成部分。人类许多其他复杂的活动亦如是。你在支付账单时，常常需要做出不同的选择，采取多个行动，比如把账单整合起来，按重要性排序，确保可以足额付款，明晰账户上的各项支出。在这种情况下，选择和行动本身是不同性质的，但它们都属于同一个活动，因为每一个选择、每一个行动，都各自服务于这个活动的目的和意义。这就是为什么我们向参与活动的人提问"你在做什么？"时，会得到两个看似同样合适的答案，只是一个详细，一个笼统。你在支付账单时被人提问"你在做什么？"，详细的回答（如："在输入支付银行账单的日期"）是合适的，笼统的回答（如："在支付账单"）也同样合适，因为你是通过前者的这一方式完成了后者的这个目的。

　　但是，就哀伤这一活动来说，哀伤者是否能同样给出上述两种答案尚不清楚。假如一个丧亲之人正在筹划追悼会，他肯定会给出一个详细的答案："我在筹划追悼会。"当然，他可能也会给出一个笼统的答案："我正在哀伤。"但是，即使他明白自己筹划追悼会也是哀伤的表达方式，但我们依然不清楚筹划追悼会和哀伤这两者之间是如何产生关系的。痛哭，去逝者生前最喜爱的餐馆就餐，筹划追悼会，这些是如何构成了同一个活动（即哀伤）的参与方式的呢？

因此，我们在哀伤活动中经历的事比我们在其他复杂的人类活动中所做的事更难以解释。持怀疑态度的人可能会断言：这正说明根本没有"哀伤"这样的活动，只有一系列并不围绕着任何更大的目的或意义的选择和行动；这些选择和行动有共同的原因，却没有任何一致的特征可以把它们凝聚成一个统一的活动。那么，为什么我们不能断言：哀伤者经历许多情感状态，它们在影响选择和行动的同时也受选择和行动的影响，但是这些选择和行动表面上彼此独立、没有内在联系（和那些情感状态也没有内在联系）？

哀伤过程是一个活动，包含多种情感状态，有选择也有行动。因此，这使哀伤过程的一致性更让人难以理解。

4. 哀伤是一种关注

到目前为止，我们已经探讨了哀伤的两个关键因素：成因（谁的死亡会引发哀伤）和动力（活跃的、充满情感的过程）。当我们注意到哀伤的成因和它的动力相互作用时，哀伤的一致性便显现出来。

情感可以证明引发情感的事件的重要性，并通常以明确、直接的方式为我们提供证据：火灾会威胁我们的生命安全或幸福，我们闻到烟味就会想起火灾，进而心生恐惧；我们遭到他人无端的辱骂，便会勃然大怒，愤怒是尊严受到伤害的标志。

相比之下，哀伤以更随意、更隐秘的方式流露出他人死亡这一事件之重大。哀伤的一些元素（尤其是悲伤）似乎和普通的情感有相同的表现方式：哀伤之人经历悲伤，他"体会"（也许还不明显）到逝者的缺席使他沮丧、痛苦。但是，哀伤中的其他情感并没有显示自身的意义：有些人会在哀伤中经历恐惧、喜悦、愤懑或焦虑，但是，这些情感显示了逝者的什么信息？说明了我们和逝者是什么关系？在一段哀伤经历中，诸多情感构成一个整体，这个整体又意味着什么？许多人观察到，哀伤是一种模糊的情感状态，一种"狐疑的"情感，它迟疑、缓慢且零碎地揭示着自身的意义。

我们在前面提到，哀伤是活动，它是主动的，不是被动的。如果哀伤能让人明白他人死亡这一事件之重大，这要归功于它是一种关注。情感哲学家迈克尔·布雷迪（Michael Brady）认为，情感有时无法迅速地确认引发情感的事件所具有的意义，但它能促使我们参与促使其引发的事件，让我们思考这些事件对于我们的意义。布雷迪称，情感不但不会终止我们探询这些事件的意义，相反，它激励并维持着这样的探询。[1]我认为，哀伤可谓其中的范例，它证明了"情感是关注的催化剂"。我们不应当把关注视为单纯的意识活动或状态。[2]相反，关注是一种持续的活动，包括脑力（感知、情感、意图等）的锻炼。关注某种事实或现象就是在意识中将其置于优先地位，而把其他现象放逐于精神生活的边缘。前面我们已论证过，哀伤也有类似的结构性。他人去世令我们哀伤，我们对逝者的关注随着时间的流逝逐渐减少，这标志着哀伤在渐渐走向终结。尽管哀伤包含的情感元素在很大程度上是被动的或者失控的（如悲伤等情感状态），但它持续时间长，而且从某种程度上说，它是一个"代理"过程，让我们可以以即兴的方式指引或控制这个过程。因此，哀伤"横穿大脑的分区"，把有关"认知和欲求、感性和知性、主动和被动、知识和实践"的部分全部调动了起来。[3]哀伤是一种关注，但这并不意味着这种关注在每一段哀伤经历中都有相同的影响力和刺激。然而，即使在情感不那么强烈或持续时间不那么长的哀伤经历中，逝者在哀伤者意识中所

---

1 Michael S. Brady, *Emotional Insight: The Epistemic Role of Emotional Experience* (Oxford: Oxford University Press, 2013).

2 Sebastian Wazl, *Structuring Mind: The Nature of Attention and How It Shapes Consciousness* (Oxford: Oxford University Press, 2017).

3 Wazl, *Structuring Mind*, p. 2.

占的比例也依然不同寻常。

5. 我们哀伤的对象是什么?

哀伤是一个主动关注的过程，这揭示了哀伤的结构性特征。但是，要理解哀伤的实质，我们还缺乏一个关键因素。第一章我们探讨了哀伤的实体对象。某种感情的实体对象——或者，就哀伤来说，构成哀伤过程或经历的各种感情或心理行为的实体对象——是使一个人产生这种感情的特定事实或事态。闻到烟味，人们心生恐惧，烟（或者，更确切地说，是烟预兆的火）就是恐惧的实体对象。哀伤的实体对象是一个特定个体的死亡，哀伤者一直把实践身份投入在这个个体之上。要了解一种感情的实体对象，就要明白引发这种感情的事实，但仅了解一种感情的实体对象未必能让我们了解其形式对象。[1]感情的形式对象是对实体对象的真实描述。有了形式对象，人们就能理解为何会对实体对象产生这种感情。再以烟味为例：究竟是烟味的什么方面会让人们觉得产生恐惧是可以被理解且合理的？需要注意的是，与烟有关的事实不计其数：物质在氧气中燃烧而生烟，燃烧橡胶与燃烧木头

1　Anthony Kenny, *Action, Emotion, and Will* (London: Routledge and Kegan Paul, 1963).

所产生的烟味大相径庭，去除衣服和家具上的烟味十分困难。然而，这些事实无法解释我们对烟所预兆的东西产生的恐惧。让我们觉得恐惧是可以被理解且合理的是这样的事实——烟预示着意料之外的威胁的存在。正是这种威胁成为"烟味引起恐惧"的形式对象。

现在我们来看看与哀伤的形式对象有关的并行的问题：哀伤的实体对象——那些对我们重要的人的离世——的哪个方面可以解释为什么我们应该对这一事实感到哀伤？就关注而言，我们已经知道是我们投入了实践身份的人离世的事实，但是，我们还不知道是这一事实的哪个方面使我们的关注显得合理，可以被理解。哀伤是如何影响着我们的？

6. 哀伤的对象是逝者的幸福所遭受的损失吗？

假设构成哀伤的各种情感阶段（如愤怒、悲伤、愉悦）都是对某些事实的反应，到目前为止，我们已经从一般的甚至老生常谈的意义上把事实描述为"损失"。但确切地说，作为哀伤的形式对象，损失有多种可能。

其中一种可能是逝者因离开而失去了一些东西，这引起生者强烈的悲伤。如果亲人英年早逝或意外死亡，我们为之哀伤的部分原因是认为他们被死亡所虐待或被剥夺了一切。假如他们还活着，活得更久，便能享受到更多益处，他们的人生在整体上会更圆满，更幸福。[1]我们把身份投入到逝者身上，这让我们可能与其产生共鸣，因此，逝者遭受的损失就是构成哀伤的形式对象，这一观点似乎说得通。尽管从严格意义上说，这种损失是逝者所遭受的，但我们能够与逝者共鸣，因而这种损失似乎也成为我们的损失，即使它是我们间接感受到的。

　　然而，事实上，逝者所遭受的损失不会成为我们哀伤的对象。首先是因为，有些人的逝去不代表他们丧失了幸福，可我们依然为他们的离世而哀伤。南希·克鲁赞（Nancy Cruzan）昏迷达七年之久，鉴于她的"植物人"状态，很难想象死亡又能让她失去什么，但是她的父母还是因她的离世而哀伤。即使死亡能够让一些人解脱，人们的哀伤也可以被理解。有些人想要安乐死，那些选择协助其死去的亲朋好友，即使支持所爱的人所做的选择而且深信死亡对其有益，也依然会因他们的离世而哀伤。因此，对于这些真实存在的哀伤案例，我们无法用"逝者因离开而遭受损失"来描述，但这些案例中的生者的哀伤并不显得不恰当或不合理。[2]

---

1 这一说法是流行的比较主义者或"剥夺主义者"对死亡坏处的解释的基础。也就是说，死亡有害，因为它降低了逝者总体的幸福水平。如果他们活得更久，幸福水平会更高。

2 我认为，死亡（即死亡的状态或事实）对逝者的坏处和濒死对逝者的坏处截然不同。许多哀伤的人关注的是逝者濒死的过程。但是，濒死不是死亡的状态或事实，也不太可能成为哀伤的形式对象。

死亡对于逝者的坏处为什么不能成为哀伤的形式对象？还有一种方式可以理解其中的原因："死亡对于逝者的坏处是哀伤的形式对象"这一观点暗含着"哀伤的程度是可以减弱的"这一有悖常理的想法。如果死亡对于逝者的坏处是哀伤的形式对象，那么，死亡对于逝者的坏处越小，哀伤的程度就越弱。而这一点，可以通过设想逝者比预期活得更久但生活却更糟糕的方式来实现，但这只是为了减轻哀伤的痛苦而实施的荒唐策略。假设吉米正在为姐姐凯希亚的死亡而哀伤。哥哥朗尼（也许相信哀伤的形式对象是逝者因离开而遭受的损失）想到了一个计划来帮助吉米缓和哀伤之情：他在凯希亚的朋友中散布她的恶意谣言，同时销毁了凯希亚收藏的经典黑胶唱片。朗尼推断，他这样做就能让使吉米哀伤的事情少一些，因为现在凯希亚的死对她本人的伤害没有吉米所想象的那么严重了。毕竟，凯希亚的死让她本人躲过了这些不幸。[1] 现在我们就问三个问题：吉米哀伤的理由会比之前少一些吗？吉米的哀伤会因为朗尼的行为而减弱吗？吉米会感谢朗尼帮助他管理哀伤吗？这三个问题的答案（肯定）是"不会"。这说明，

---

1 Travis Timmerman, "Your Death Might Be the Worst Thing Ever to Happen to You (But Maybe You Shouldn't Care)," *Canadian Journal of Philosophy* 46 (2016): 18–37; Kirsten Egerstrom, "Making Death Not Quite as Bad for the One Who Dies," in M. Cholbi and T. Timmerman (eds.), *Exploring the Philosophy of Death and Dying: Classical and Contemporary Perspectives* (New York: Routledge, 2020), pp. 92–100.

我们应当感受的哀伤的强度或程度与死亡对于死者的坏处并不相关。[1]也就是说，亲人的离世令我们哀伤不已，但引起我们哀伤的不太可能是逝者因离开而遭受的损失。

因此，逝者遭受的损失不可能是哀伤的形式对象，而且这些损失也不是哀伤者持续关注的事实。

7. 哀伤的对象是哀伤者的幸福所遭受的损失吗？

哀伤的形式对象的另一种可能是，哀伤者因为逝者的离开而遭受的损失。哲学家玛莎·努斯鲍姆（Martha Nussbaum）强调说，对我们的幸福有所贡献的人离开人世，我们会哀伤。[2]这种视角将哀伤定义为以自我为中心，考虑的是哀伤者所关切的事物和幸福，比"逝者遭受损失"的视角更合理。

但是，这一假设不完美，因为在有些容易理解的哀伤案例中，哀伤者的幸福并没有因为逝者的离开而遭受损失。部分案例显示，哀伤者的幸福可能会因逝者的离开遭受一些损失，但比起逝者的离开所带来的益处要小得多。例如，一个罹患不治之症的人离开人世，他的护理者的幸福可能遭受损失（如失去了一个聊天

---

1 我们在第五章讨论哀伤的理性时会回到类似的话题上。

2 *Upheavals of Thought* (Cambridge: Cambridge University Press, 2001), pp. 81–82.

伙伴），但是护理者的幸福整体上可能得到了很大提高（因为护理工作耗费时间、精力和体力）。即便如此，护理者依然哀伤，其哀伤并没有不合理。另外，还有许多案例显示，哀伤者的幸福没有明显的损失。第一章说明了，我们把实践身份投入在一些人身上，他们的死亡引发我们的哀伤之情，但是其中有些逝者未曾提升反而破坏了我们的幸福。有些父母虐待孩子，对子女疏于照顾，但他们死亡时，儿女也会哀伤；有些人和前任配偶离婚许久，彼此已为陌生人，但他们也会因前妻或前夫的去世而哀伤。哀伤与幸福遭受的损失之间的关系需依情况而定，这超出了我们通常的认知。并非每一个引发我们哀伤的人在过去、现在或未来对我们的幸福都有积极的贡献。

如果说哀伤的形式对象是哀伤者的幸福所遭受的损失，这又和"哀伤者所遭受的损失不可替代"的观点不一致。[1]在引发我们哀伤的已故的亲人中，有许多曾为我们带来益处。如果哀伤的形式对象是他们在世时为我们带来的益处，那么，一旦发现这些益处还有其他来源，哀伤就会减弱。然而，事实是，哀伤者从其他来源找到逝者生前给予的益处并没有使其哀伤因此减弱。古罗马哲学家塞涅卡曾将去世的朋友比作失窃的外衣，这一类比臭名昭著，令人尴尬，因为它忽视了一个事实：哀伤的对象不只是逝者

1　Dan Moller, "Love and Death," *Journal of Philosophy* 104 (2007): 309–10.

给予哀伤者的益处。我们可能会认同塞涅卡的一点："一个人唯一的一件外衣失窃"，如果他"不去周围寻找其他方式避寒而是为自己被盗这一悲惨命运哀号痛哭"，那他着实是一个"彻头彻尾的傻瓜"。[1]但有些观点我并不认同。我认为，如果一个人失去了妻子、长子或生意伙伴，然后列出一个清单写下这些人生前给予他的益处，从而尝试寻找他人"替代"这些人，那这个人也是一个傻瓜。我们在第一章说过，依恋（这在哀伤者与逝者之间的关系中很常见）似乎不能简化为我们所依恋的人给予我们的益处，也就是说，我们的依恋既围绕益处本身，也围绕被给予益处的方式。

因此，无论是逝者的幸福所遭受的损失，还是哀伤者的幸福所遭受的损失，都不是哀伤的形式对象。即使逝者的离开不会造成这两种损失，哀伤的活动（即情感上持续关注的过程）依然可能出现。

8. 哀伤的对象是失去与逝者生前的关系吗？

在找到哀伤的形式对象的最佳答案之前，我们先回顾一下对哀伤的实质所做的探讨。

要充分描述哀伤的实质，就必须认识哀伤的基本特征。这些

---

1 Seneca, *Epistulae Morales* 63.

基本特征能够说明哀伤过程的内在多样性和人际多样性，以及一致性：哀伤之各个阶段的多种情感元素凝为一体，构成了单一的哀伤经历。我们得出了结论，被投入了实践身份的人一旦死亡，我们就会哀伤。此外，哀伤是一种涉及情感关注的活动过程，融入了感觉和选择。哀伤的对象似乎是某种"损失"。但对于哀伤来说，无论是逝者的幸福所遭受的损失，还是哀伤者的幸福所遭受的损失，都不是最重要的。因此，我们需要探寻的是，哀伤者所遭受的最关键损失是什么样的，对这种损失的描述能够让我们了解使哀伤得以被理解所需的形式对象。

　　塞涅卡将朋友的死亡比作外衣失窃，前文对这一类比的探讨使我们寻求哀伤的形式对象的路途更进了一步。我们已经知道，逝者生前带给我们的益处因其死亡而被剥夺，但是，哀伤基本上与这些益处无关，而是与那个人的逝去有关。可即使这样理解也无法确定哀伤的形式对象。我们在第一章的注释中提到，哀伤的迷失感很像情感上的"幻肢"，好似人的某个部分消失了，在日常生活中体会到疏离感、怪异感并感知到自我意识。因此，哀伤似乎使我们与由我们和逝者生前的关系所定义的熟悉的模式变得陌生。我认为，哀伤最关键的一点在于，一个人与逝者之间的关系无法再如逝者生前那样持续下去。我们把自己的身份投入在某个人身上，他的死亡使我们与他的关系不得不发生彻底的改变。这种改变的形式有多种：与逝者有关的对话、仪式和活动不会再发生；生者与逝者的某些冲突再也不能被披露或裁定；另一些冲突则被死亡带到光天化日之下；我们不再对逝者的行为或未来成为什么样的人抱有希望；哀伤者可以宽恕逝者，逝者却无法再宽恕哀伤者；我们不能像以前那样将逝者纳入我们的计划或做有关逝者的计划。当然，我们可能会因他们的离世失去许多实际的益处：收入、住房、经济保障、情感支持与安全感、灵感，甚至洞察力。

简而言之，他们的去世至少以一种方式改变了我们和其关系的轨迹。他们的去世预先结束了我们与其关系的一些可能性，同时开启了另一些可能性。他们曾构建了我们的期望，让我们可以设想未来的生活朝什么方向走，而他们的离世彻底改变了我们之间的关系，我们因此而哀伤。我们与其关系的可能方式发生了变化，关系本身也随之改变了。需要注意的是，这种改变很少会直接摧毁生者和逝者的关系。事实上，只有当生者将逝者保留在记忆里，哀伤才可能发生。在大多数情况下，关系的改变远没有达到完全终止的程度。[1] 因此，尽管我们很想从哀伤者失去逝者的角度来描述这些现象，但哀伤者失去他们与逝者生前的关系的角度是更加准确的。正如两位研究哀伤的学者所说：

---

1 Norlock, "Real (and) Imaginal Relationships with the Dead."

我们自经验得知，人们会继续投入情感[1]，不愿放弃自己与逝者的纽带，不愿"放他们走"。生者经历了一种关系的彻底转变，此前的关系存在于现实的、象征性的、内化的和想象的多个层面之上；后来，现实的（"鲜活的、有生命的"）关系消失殆尽，其他形式的关系保留了下来，这些关系甚至可能发展出更多更复杂的形式。[2]

C. S. 路易斯通过将婚姻关系比作舞蹈或季节的变换，从而生动地描述了这一点：

> 因婚后丧偶而哀伤，犹如求爱之后缔结婚姻、秋天跟随夏天的脚步而来一样正常。丧偶并没有缩短爱的过程，它只是爱的一个阶段；它不是舞蹈的中断，而是下一个舞步的开始。[3]

我们这里所讨论的"关系"是由身份构建的，关系中一方的

---

1 投入情感指不愿放弃与逝者的情感联系。

2 S. R. Shuchter and S. Zisook, "The Course of Normal Grief," in M. Stroebe, W. Stroebe, and R. Hansson (eds.), *Handbook of Bereavement: Theory, Practice, and Intervention* (New York: Cambridge University Press, 1993), p. 34.

3 *A Grief Observed*, p. 58.

逝去会导致生者产生关系危机。生者在哀伤中常常会"质问"，那个人在生前已经让"我"的生命在某个层面上拥有了意义，如今斯人已逝，"我"该如何继续活着？人们会质问没了对方还能怎么活，但事实上是在间接地质问自己：让我们有归属感的重要的人已不在，我们又将成为谁？

哀伤的形式对象——我们哀伤的对象以及我们哀伤时所关切之事——是因逝者离开而改变的我们与逝者的关系。这一关系中包含了我们对逝者若还在世时的生活的希望或期待。这一说法满足了我们要充分描述哀伤的实质所必须具备的条件。

首先，在人们的哀伤经历里，哀伤者与逝者的关系因后者的离世而彻底改变或遭到破坏是普遍存在的事实，因此，它可以强有力地解释哀伤的本质。我们把自己的实践身份投入在一些人身上，他们的死亡即使没有给他们的或者我们的幸福带来任何损失，也依然会自然而然地引发我们情感上高度的关注。请注意，关系发生的转变即便不是巨大的、全面的或痛苦的，也依然会引发哀伤。他人死亡引发的关系"危机"也是实践身份的危机，因为我们在实践身份的描述中定义自己的价值观，这让我们有充分的理由哀伤。这一点，我们会在第三章和第四章详细探讨。我们在哀伤中备受煎熬，部分原因是他人的死亡迫使我们重新设定自己的实践身份。哀伤带来的这类威胁不是字面意义上的或者实体的，而是道德上的。[1]但这些"危机"可能是轻微的，只需要我们对实践身份做出适当的调整。例如，如果一个久病之人死亡，他的医生和他的配偶、兄弟姐妹或同事应当有不同程度的哀伤之情。但是，在任何一种情况下，哀伤者都被迫调整自己与逝者的关系，哪怕只是以不易察觉的简单方式。每个人哀伤的强度、感情色彩和持续时间不同，这恰恰是因为他们与逝者的关系在这三方面有所差异。

如果哀伤的形式对象是生者与逝者关系的彻底改变，那么这些差异——哀伤过程的内在多样性以及人际多样性——都可以很容易地被理解。哀伤者们与逝者的关系在许多维度上都有所不同。既然逝者与生者的关系千差万别，那么其死亡也会以许多可能的方式改变他与生者的关系，生者的哀伤也有许多可能的方式。因此，一个人对不同的逝者会产生不同的哀伤之情，不同的人对同一位逝者所产生的哀伤之情也有差异。

对哀伤的实质做充分的描述还有最后一个特征必须解释：哀伤过程的一致性，即我们如何把构成哀伤经历的各种情感元素和选择理解为一致的情感反应而不是一连串有共同原因（他人的死亡）却互不相关的情感状态。哀伤关注的是因他人的死亡而彻底

1　当然，哀伤也常常会导致消化系统紊乱、疲倦、肌肉疼痛等身体"症状"。这并不稀奇。

改变的人际关系，哀伤经历包括反映了我们与逝者相当复杂的关系的情感状态和选择。我们可以思考一个相对常见的哀伤案例：一个成年人因年迈的父母去世而哀伤。孩子与父母关系中的情感状态往往错综复杂。其中一部分原因是，双方在整个关系的发展过程中都经历了剧烈的个人变化。出生时孩子是脆弱的，需要依赖父母。成长阶段为了独立和自主与父母抗争，这是司空见惯的。再到后来，父母和孩子的角色重叠，孩子长大成人，有了自己的工作，可能也会生儿育女。孩子与他们自己的子女相处时，可能会尝试复制或者摒弃自己和父母的那种关系。在这个阶段中，父母和成年的孩子是势均力敌的，此后便会过渡回早年的阶段，只是双方的关系刚好反过来了：父母在物质和情感上依赖起成年的孩子。在孩子和父母的关系中，每一个阶段都有其特征和独特的情感模式。在双方关系的历史图卷中，出现过不计其数的情感状态，因此，父母死亡（我认为，父母死亡会激发成年的孩子关注死亡如何彻底改变自己与父母的关系），同样会催生出多样化的情感反应，这不足为奇。我们与逝者的关系（或者曾经希望拥有的关系）包含许多不同的方面，当我们哀伤时，情感状态就会依据各个方面而发生变化。在父母的死亡引发哀伤的情况下，我们可以想象出来的情感都会产生，如悲伤、感激、憎恨、迷茫、恐惧、悔恨、怀念、内疚、喜悦。这并不必意味着哀伤经历的各个阶段与子女和父母关系的各个阶段是一一对应的。但是，哀伤经历至少部分地再现了生者与逝者关系中曾有的情感。这也更加肯定了我们的预期：若生者与逝者曾有着极其亲密且高度互相认同的关系，生者可能会经受强度更大、情感更复杂的哀伤过程。

哀伤的形式对象是生者与逝者关系的彻底转变的观点，解释了哀伤经历中行为和选择的多样性如何构成了一个统一的整体：构成哀伤经历的具体的情感状态针对的是哀伤者和逝者关系的不同方面；这些情感状态凝为一体，一致地面对由一方死亡而造成的逝者与生者关系的彻底转变。因此，生者在哀伤过程中经常性的"质问"可以视为其自身所做的努力。首先，哀伤者会努力把自己的情感和选择与逝者以及自己和逝者的关系联系起来；其次，哀伤者会努力把哀伤中多样的情感和选择凝聚在一起，以期在整体上认识自己与逝者的关系，找到与其维持关系的最佳方式。

论及哀伤的形式对象还有最后一点需要说明。我在前面论证过，无论是生者还是逝者，他们的幸福是否因逝者的离开遭受损失不是引起哀伤的最关键因素。哀伤的形式对象是生者与逝者关系的彻底转变，这有助于理解为什么最开始我们会将幸福所遭受的损失视为哀伤的形式对象。很多哀伤经历都深深地植根于生者和逝者的关系，在这种关系中，生者的幸福、逝者的幸福或者双方的幸福都遭到了威胁。逝者的离开让生者产生了关注幸福、关注双方可能失去的具体益处这样的情感反应，这是可以理解的。因此，生者在哀伤活动中会关注这些损失，甚至会努力辨认、量化、表达或减少这些损失。但需要重申的是，即使双方的幸福都没有遭受损失或威胁，哀伤依然会发生。

9. 为有来生的人的离世而哀伤

在我看来，最后一个考虑因素可以强烈支持我论及哀伤的形式对象时所持的观点。

到目前为止，我们在分析哀伤时都没有考虑哀伤者如何看待死亡或"人必有一死"的观念。但是我们知道，许多人，尤其是有宗教信仰的人，他们相信死亡并不是生命的终点。相反，死亡是一个神秘的过渡。逝者不再以人世间正常的状态存在，但是死后的他们没有消失。持这种世界观的人们对人死后的状况以及什么样的事实可以决定死后的状况有着不同的观点：有人相信，要么得拯救，要么下地狱；有人相信，人死后会以其他具体的形态存在，比如投胎转世；也有人相信，人死后会以非物质的、灵魂的形式继续存在；还有人相信身体会复活。但是，所有这些相信生命会延续的人都否认死亡像人们通常认为的那样是一个人生命的结束。简而言之，他们都认为有来生。

相信有来生的人也会把自己的实践身份投入在一些人身上，并因后者的死亡而哀伤。显然，这些人哀伤的对象不可能是"逝者不存在了"这个事实。因为在他们看来，逝者的确还存在。我们可以通过我论及哀伤的形式对象时所持的观点来理解相信有来生的人的哀伤。

如果哀伤的对象是逝者的幸福所遭受的损失，或许可以解释一部分相信来生的人产生哀伤之情的原因。例如，若一个相信有来生的人认为，逝者生前不虔诚或道德败坏，在死后注定要遭受永恒的惩罚，那么，这个人就会为逝者将要遭受的痛苦而哀伤。当然，并非每一个相信有来生的哀伤者都相信让他哀伤的逝者注定要下地狱。教皇约翰·保罗二世（Pope John Paul II）的离世曾在天主教徒中引起广泛的哀伤，但是天主教徒（可能）都认为教皇得到了救赎，而不是要下地狱。普通人离世后，他们的亲人倘若相信来生，会认为他们不是在受苦，而是在经历狂喜（"他/她/他们正在天堂注视着我们"），然而亲人依然会哀伤。事实上，无论是基督徒还是非基督徒，越来越多的生者不再相信人在死后会下地狱，而是更坚信会上天堂。[1]因此，许多相信有来生的人肯定也相信亲人死后没有遭受死亡的伤害。诚然，逝者可能再也无法享受俗世的益处。如果他们在世上活得更久一些，他们的人生

---

1 Kathryn Gin Lum, "Hell-bent," *Aeon,* July 7, 2014, https://aeon.co/essays/why-has-the-idea-of-hell-survived-so-long, accessed February 20, 2020; Mark Strauss, "The Campaign to Eliminate Hell," *National Geographic*, May 13, 2016, https://www.nationalgeographic.com/news/2016/05/160513-theology-hell-history-christianity/, accessed February 20, 2020.

可能更幸福、更有意义。但是，如果对来生的猜想是真实的，天堂中永恒的幸福会远远超过在尘世的损失。因此，"相信有来生的人的确因亲人去世而哀伤"这一事实与"他们哀伤是因为逝者遭受死亡所致的损失"这一观点是相矛盾的。

由此可见，在亲人去世后，相信有来生的人肯定是因为自身的某些损失而哀伤。那么，自己究竟损失了什么？这里要注意，损失的不可能是与逝者的关系。毕竟，逝者还是存在的，而且双方能够继续联系。哀伤者常常期望和逝者交流，仿佛对方依然健在；如果哀伤者相信有来生，这种交流还不仅仅是象征意义上的交流。他们认为自己真的能够和逝者互动。许多相信有来生的哀伤者还坚持认为逝者会通过声音、幻象、符号等多种方式和他们交流。逝者与他们交流的方式和轨迹尽管和他们在世时的截然不同，但关系依旧持续存在。

因此，关于哀伤的对象，我们也就只剩下我所支持的观点了：相信有来生的人为逝者而哀伤，其哀伤的对象是他们失去了与逝者生前的那种关系。他们与逝者的关系仅以"继续联系"的方式存在。[1]这是唯一一个与相信有来生的人会哀伤的事实，以及与他们的信仰体系对哀伤方式的影响相符的合理假设。

---

1 D. Klass, P. R. Silverman, and S. Nickman, eds., *Continuing Bonds: New Understandings of Grief* (New York: Taylor & Francis, 1996).

10. 结论

哲学家在分析人的情感时所依据的常见类别在分析哀伤时似乎不再有用。哀伤和普通情感一样有实体对象和形式对象，但它又不同于普通情感，因为哀伤者积极关注哀伤的对象以及对象的可评判意义。哀伤与情绪类似，持续时间长，影响着我们的情感倾向。但它与情绪不同：首先，哀伤有可辨认的对象，即与逝者生前关系的丧失（我们在逝者身上投入了实践身份）；其次，一次哀伤经历包含着多种情感状态。倘若我们把哀伤视为对自己与逝者关系的改变所产生的积极的情感关注，就可以恰当且充分地解释引发我们哀伤的个体的多样性以及我们哀伤方式的多样性。

在我们对哀伤的实质有了更丰富的理解之后，就可以来探讨与哀伤有关的几个关键的伦理问题。

（1）哀伤几乎总是伴随着痛苦和令人煎熬的情感，既然如此，我们参与哀悼活动、处理因至亲的死亡而彻底改变的关系，这样做又有何益处，为什么是值得的？我们有机会为逝者哀伤，为何应当对此感到庆幸？哀伤有什么益处？

（2）哀伤是对引发哀伤的事件的一种反应。在何种意义上它才是理性的反应？

（3）我们如何才能把哀伤理解为必须履行的道德责任？怎么

可能有哀伤这样的义务？

现在，就让我们使用我们对哀伤的实质所做的描述，来研究这些问题。

第三章

在哀伤中找到自我

杰克·路易斯经历了哀伤的煎熬。他的经历也许可以解释我们为什么应当逃避哀伤，甚至恐惧哀伤（尽管这种解释方式与古代哲学家的有所不同）：因为哀伤让人心力交瘁，受尽折磨。阅读路易斯笔下的哀伤之情，可谓令人肝肠寸断。乔伊的去世令他坠入痛苦和动荡的深渊。无论他所受的煎熬会产生什么益处，都无法与他所经历的剧痛相匹敌。路易斯的哀伤经历足以让我们希望自己能彻底摆脱哀伤。

　　倘若路易斯的哀伤程度轻一些，他可能会从中受益。尽管如此，我们可能还是会觉得，倘若他根本没有哀伤，对他也不会有丝毫益处。诚然，没有哀伤似乎能消解路易斯的问题，但这可能会剥夺人类独有的、具有价值的体验。用医学来比喻的话，不让他哀伤只是消灭了"症状"，并没有根除疾病。哀伤有时让人生不如死，然而，没有哀伤就一定会更幸福吗？

为了检验这一假设，我们将借助20世纪另一位声名卓著的思想家所做的关于哀伤的"兼小说和思想的实验"。

在描写"异化"这一方面，加缪的小说《局外人》可能是最负盛名的文学作品。小说的主人公默尔索对自己的工作和人际关系没有任何情感共鸣，他除了旺盛的性欲和热切的复仇之心以外，对周遭世界无动于衷，冷漠无情。在一个看似漠然的世界里，他是一个冷漠的人。加缪用哀伤（或缺乏哀伤）来结束默尔索的故事，这不是巧合。

小说的开篇是默尔索准备去参加母亲的葬礼。他满脑子都是葬礼的各项安排，这是他对母亲死亡的最初反应，而读者仍然会觉得默尔索大概会以常见的方式痛哭。出发前，否认占据了默尔索的自我意识。否认是伊丽莎白·库伯勒-罗斯后来针对哀伤提出的假设[1]的第一个阶段。"眼下妈妈好像没有离世。要等下葬以后才算盖棺定论。"[2]然而，默尔索后来的"哀伤"是如此的不真实，几乎算不上哀伤。他非常熟悉哀悼的习俗，但不愿意在葬礼上瞻仰母亲的遗容，而是让周围环境的细枝末节和前来吊唁的亲友分散自己的注意力，以此消磨时间。默尔索哀伤的焦点应当是他的母亲，可是母亲几乎没有出现在他的意识里。他参加了传统的哀

---

1 Elisabeth Kübler-Ross, *On Death and Dying*.

2 Albert Camus, *The Stranger*, S. Gilbert, trans. (New York: Vintage, 1946), p. 1.

悼仪式，实际上却没有哀伤。

后来，在接受审判时，检察官并没有提供任何能够证实默尔索谋杀的事实证据。相反，他们让证人作证，证明默尔索在母亲去世时没有哀伤。证人说，默尔索在母亲去世后饮酒作乐。他没有为母亲"流一滴泪"，没有在她的墓前流连，而是抽了一支烟，喝了一杯加奶的咖啡；第二天，就"不顾廉耻地纵欲狂欢"。默尔索的律师最终看穿了这种控诉的陷阱，提出反对：

> "我的当事人受审，究竟是因为他埋葬了母亲，还是因为他杀了人？"他问道。
>
> 听众一阵窃笑。但此时检察官突然站起身，裹好长袍，说这位律师朋友真是天真得令人震惊，居然忽视了这两件事之间如此重要的联系，可以说，这两件事在心理层面上是一回事。于是，他铿锵有力地下了结论："总之，我认为，犯人在母亲葬礼上的行为是有罪的，这说明，他在内心深处已然是一个罪犯。"[1]

最后，默尔索被定罪的原因不是在海滩上杀害了一个阿拉伯人，而是没有为母亲的死而哀伤。

---

1 Camus, *The Stranger*, p. 60.

当然,《局外人》不是一部传统的哀伤回忆录。默尔索没有经历路易斯《卿卿如晤》中的任何自我探索和情感折磨。默尔索不愿意或者没有能力哀伤,这说明,他与其他人以及与这个世界有着深刻的疏离或隔阂。在他看来,哀伤仅仅是一场他恰好不愿意玩的"游戏"(加缪后来对此也有所解释)。[1]

《局外人》是一部小说,不是生活指南。我们大概不会把默尔索当作一个榜样,但路易斯生动的描绘让我们看见了哀伤中极度的痛苦,这种痛苦可能会说服我们至少希望自己能像默尔索那样,通过与他人疏离的方式抵御哀伤。希望摆脱哀伤的理由是充分的:研究者已经得出结论——我们在生活中承受诸多压力,至亲(如父母或伴侣)的去世所引发的哀伤居于首位,超过了失业、离婚或牢狱之灾带来的压力。[2]哀伤也会以疾病的形式表现出来,因为哀伤者会出现失眠、消化不良、颤抖、气短等身体"症状"。哀伤偶尔也会导致死亡。[3]所以,我们为何不把默尔索没有哀伤能力视

---

1 David Carroll, *Albert Camus the Algerian: Colonialism, Terrorism, Justice* (New York: Columbia University Press, 1955), p. 27.

2 T. H. Holmes and R. H. Rahe, "The Social Readjustment Rating Scale," *Journal of Psychosomatic Research* 11 (1967): 213–18; M. A. Miller and R. H. Rahe, "Life Changes Scaling for the 1990s," *Journal of Psychosomatic Research* 43 (1997): 279–92.

3 I. M. Carey, S. M. Shah, S. DeWilde, T. Harris, C. R. Victor, and D. G. Cook, "Increased Risk of Acute Cardiovascular Events after Partner Bereavement: A Matched Cohort Study," *JAMA Internal Medicine* 174 (2014): 598–605.

为他异化状态下的意外好的一面呢?

路易斯的经历说明,我们人类有充分的理由对哀伤持矛盾态度,也许路易斯的哀伤最终对他是不利的。[1]我们为路易斯的哀伤而惋惜,这时候我们可能会推断:没有哀伤,人可能会更幸福,哀伤给默尔索的影响似乎比路易斯的要好得多。然而,这样的推论过于草率了。我们也许希望路易斯的哀伤给他造成的创伤小一些,但是,把哀伤称为一种游戏或一件意义不大的凡尘俗事的看法则轻视了哀伤的经历。如果说默尔索的不哀伤表明了他缺乏人性,那么我们哀伤与否、程度如何似乎也能彰显我们的人性。哀伤是痛苦的,但它必不可少,而且意料之外地于人有益。我们可以验证这种直觉,试想:那些关心路易斯的人,究竟是希望他因乔伊的离世引发情感上的苦楚,还是希望他像默尔索那样在至亲去世后没有丝毫哀伤的迹象?[2]我愿意大胆地猜测是前者。即使是非常痛苦的哀伤经历,对哀伤者而言也有其可取之处。因此,对于这个世界上像默尔索的人来说,即使逃避了哀伤也不会更幸福;倘若他们不信,只会更加不幸。

我们究竟应当如何看待他人在哀伤时所经历的痛苦?在思考

1　我将在第三章第9节中再次讨论这种可能性。

2　Stephen Darwall, *Welfare and Rational Care* (Princeton, NJ: Princeton University Press, 2002)。该作者认为,一个人的福祉(即对他有益的东西)就在于关心他的人希望他拥有他想要的东西。

这个问题时，我们基本上达成了一致的结论。一个人在经历痛苦时，我们通常会本着道德原则想要减轻他的痛苦。然而，哲学教授特洛伊·乔利摩尔（Troy Jollimore）认为，人们有消除痛苦的义务，但它似乎并不适用于哀伤的痛苦。对哀伤者给予支持可以改善其状况，或更容易管理哀伤的痛苦，但这并不能说明，努力让他们从哀伤中彻底走出来在道德上就是正确的。如果我们有一粒药丸，它能"彻底消除"一个正在经历哀伤的朋友的痛苦，而把这粒药丸给这个朋友服用似乎是错误的。[1]哀伤的痛苦超出了我们消除痛苦的道德义务的范畴，这说明，哀伤在某种意义上对哀伤者是有价值的。

　　哀伤对我们（至少有可能）是有益的，这一点很难与哀伤的感受相一致（哲学会用哀伤的现象学来解释）。某种程度的精神痛苦是哀伤所固有的，正如我们在第二章里提到的，哀伤还常常涉及其他情感状态，如愤怒、内疚、困惑、迷茫。其中多数对人的情感会产生负面影响，我们不享受这些状态，并且常常采取积极的措施来避免。所以说，哀伤的情感状态带来的感受大多是负面的。我们来回忆一下路易斯的哀伤经历：哀伤折磨着他，让他悲伤，令他崩溃、迷失。这说明哀伤通常令人不安，有时还很可怕。

1　Troy Jollimore, "Meaningless Happiness and Meaningful Suffering," *Southern Journal of Philosophy* 42 (2004): 342.

但是，直觉又告诉我们，哀伤对哀伤者有益，那么，凭什么要认可这种直觉呢？

我所说的哀伤的悖论便是如下这些观察的汇总：

（1）哀伤是负面感受，因此应当避免，或为之惋惜；

（2）哀伤有价值，我们（和其他人）不应完全逃避，应当因之而感恩。

当认为哀伤有价值时，指的是哀伤对哀伤者有价值。你经历哀伤对你有益处，我经历哀伤对我有益处，路易斯经历的哀伤对他有益处。这并不否认哀伤可能在其他方面的益处。在哀悼活动或仪式中与其他人一同哀伤，通过（例如）为一起哀伤的人提供安慰或增进人际关系，可以带来益处。从这个意义上说，哀伤可以带来各种道德上的益处。[1]哀伤的实质是哀伤者对自己与逝者关系的转变而产生的反应。对哀伤者来说，哀伤是消极的感受，但是又有益处，这就是哀伤的悖论，它符合哀伤的以自我为中心的实质。本章将在一定程度上消解这一悖论，下一章则完全将其消解。

观察可知，在人类生命中的其他比较艰难的事情上，不存在有内在关联的悖论（如牢狱之灾不可能存在悖论），而哀伤的悖论则很真切。坐牢可能会带来某种益处，但是我们不可能会劝我

---

1 有一种可能性，即我们有哀伤的道德义务。我在第六章会结合这一可能性探讨哀伤在道德上的益处。

们爱的人为这一点去坐牢。失业也不可能存在悖论。失业在有些方面可能使一个人受益，但是我们不可能会鼓励或希望我们爱的人失业。我们也无法假设从未蹲大狱、从未失业的人生是不如意、不完整的人生。相比之下，哀伤常常有助于一个人过上良好的生活。因此，哀伤中有某些元素是可取的。倘若并非如此，那么"不会哀伤的人则会被认为是幸运儿，犹如一个痛阈很高的运动员，或一个无所畏惧的冒险者——当可怖的环境将大多数正常人都吓跑时，他们却能临危不惧"。[1]可是，对哀伤免疫也许根本不是幸运。

迫在眉睫的问题是：究竟什么元素是哀伤的可取之处？也就是说，哀伤有什么益处？要充分消解哀伤的悖论，似乎需要识别这样一种益处，然后证明正是因为它，哀伤至少有时对哀伤者是有益的。要注意"有时"这个词，我们不该期待每一段哀伤经历对哀伤者都是有益的。有时在一段哀伤经历中，痛苦和其他消极的情感持续之久、强度之大，无论哀伤有什么益处，它都无法在深度和强度上与哀伤的消极特征相抗衡。要消解哀伤的悖论不需要每一段哀伤经历对哀伤者都有益处；只需要我们说明哀伤可能对我们有益，而且有益的哀伤实际上是可以实现的。要成功地消

---

1 Robert Solomon, "On Grief and Gratitude," in his *In Defense of Sentimentality* (Oxford: Oxford University Press, 2004), p. 4.

解哀伤的悖论，我们只需要说明哀伤在范式上是如何有益的。

要找到一个益处以消解悖论，我们无须确认哀伤所独有的那些益处。无论哀伤有什么价值，其他活动也都可能有这样的价值。但是，我希望能找到的益处至少是特别的。它对哀伤来说尤其特别，因为哀伤是实现这种益处的一种特别有成效的方式。也就是说，在可能实现这种益处的各种方式中，哀伤是最合适的。事实上，要实现这种益处，哀伤应当足够合适，没有其他方式能与之媲美，哀伤作为实现这种益处的工具是无可替代的。

1. 哀伤的活动及其目的

为了探索哀伤的益处，我们必须回顾前几章的一些重要观点。在第一章，我们确认了，我们把幸福投入在某些人身上，他们的存在融入了我们的实践身份，在我们的计划、责任和关切之事中不可或缺，因此，他们的离世引发我们的哀伤。在第二章，我们认为，哀伤是一个包含多种情感的、多阶段的活动，哀伤者在其中面对自己与逝者关系的丧失，然而这种"丧失"未必（而且通常并不）意味着与逝者关系的终结。更确切地说，处于哀伤中的"幸存者"之所以哀伤，乃是因为自己与逝者的关系发生了变化。我们在第二章论证了我们为谁而哀伤、哀伤的实质是什么，这解释了引发我们哀伤的逝者的多样性以及哀伤情感的多样性。

以这种方式理解的哀伤可能会有什么益处呢?

可以回想"哀伤是一种活动"这个命题。在使用"活动"这个术语时,我的脑海里并没有专业概念。我在前面使用了付账单这个例子。活动这一概念有许多平凡但是典型的例子:组织会议、玩游戏、做饭、写电子邮件。我认为,哀伤是受情感驱动的活动,而不是一种情感状态(如恐惧、愤怒等)。我们已经记录了情感活动与情感状态的两种不同方式:首先,情感活动持续时间更长;其次,情感活动是活跃的,它需要我们的能动性(我们的判断、选择和行动),而且至少在一定程度上受我们能动性的驱使才得以持续进行。付账单的人对眼前的事实(如欠款和最后期限等)做出回应,判断最佳的处理方式,然后依据判断付诸行动(如使用线上支付)。这个例子说明了活动还有另外两个特征:活动包含组成部分或者阶段,一次活动可以分成多项任务或者多个行动,这些任务和行动构成了这个活动;并且活动还是由目的驱动的,它们以一种意图或益处为目的。哀伤和付账单或组织会议一样,是有目的的。

有目的是哀伤的最后一个特征,也是一个关键特征,能够帮助我们找到哀伤的特别益处从而消解哀伤的悖论。一次活动的益处能够同时反映其目的:当一次活动实现目的时,它就是成功的,因此对参与者也有益处。付账单的人支付了欠款,活动就成功了;与会者到达会场,有效完成了分内之事,会议的组织者便成功举办了这次活动。同样，哀伤成功的地方就是其特别的<u>益处</u>所在的地方。于是，我们的问题就变成了：鉴于我们掌握的关于哀伤的实质、对象等的证据，哀伤这一活动的合理的目的究竟是什么？

当我们将哀伤和其他情感状态对比时，哀伤的目的就会显现出来。（再次）来比较一下哀伤和恐惧。在通常情况下，无论让我们感到恐惧的是什么事实，恐惧本身都说明这个事实对我们至关重要——这个事实是对我们的威胁，或者让我们十分在意。恐惧的感受几乎能够突然、瞬间就让我们意识到所恐惧的对象的重要意义。因此，恐惧是与情感的特征相符的。其中，情感是对我们生命中重要的事物所产生的"临场的"感知和判断。请注意，这并不一定意味着我们会立刻理解情感的对象（比如我们害怕的究竟是什么）。毕竟，我们可以深入询问从而了解我们的恐惧（比如我们究竟为什么害怕黑暗）。但是，"恐惧的对象是什么"这个问题算不上重大挑战，我们也不会为此而困惑。

然而，哀伤这一活动在很大程度上没有以即时、直接的方式显示它的形式对象的重要性，因此，它是随着时间的流逝而逐渐展开的。哀伤的实体对象（即那个被我们投入实践身份的极为重要的人的死亡）对哀伤者来说是显而易见的，我们很快就会明白我们为何哀伤：因为我们生命中重要的人离世了。但是，要完全接受哀伤的形式对象，即生者与逝者关系的彻底改变，这往往更艰难。我们必须和庞大的情感"数据"搏斗。我曾经写道，哀伤是我们的"心理释放情感数据的方式"。[1]我们在第二章看到，哀伤经历包含许多情感状态：有悲伤或痛苦，这是自然的；还有愤怒、内疚、焦虑、喜悦等。哀伤过程中各种情感的涌现使我们更难解释正在发生的事情。毕竟，同一个事件如何会使一个人有时悲，有时怒，有时焦虑呢？我在第二章提出：我们在哀伤中体会到的各种情感是我们处理与逝者的关系中各种因素的方式。在哀伤过程中，我们感到焦虑，这让我们了解了自己与逝者的关系（我们很可能对他们有强烈的依恋感）。在哀伤过程中，我们愤怒，这又让我们了解了与逝者的关系中的其他方面。在哀伤过程中，内疚、喜悦或其他情感的出现也是如此，每一种情感都让我们关注与逝者关系的某些特征。但是，我们在哀伤中感受到的情感的多样性令我们更加难以清楚地解释哀伤的对象：我们为了什么而哀伤。

哀伤通常难以驾驭，难以预测，这又增加了解释哀伤对象的难度。路易斯对乔伊离世的哀伤之情足以证明，哀伤有时就像过山车，是一个粗暴的、间歇性的、非线性的过程，其中的情感时而汹涌澎湃，时而风平浪静。就在我们相信自己已经驾驭了失落

---

1 "Finding the Good in Grief: What Augustine Knew That Meursault Could Not," *Journal of the American Philosophical Association* 3 (2017): 103.

感的时候，哀伤却再次袭来，新的，甚至互相矛盾的证据涌现，失落感再次向我们袭来。狄迪恩在《奇想之年》中描述，哀伤"如潮水般涌来，突然发作，骤然惊惧忧心，令我双膝瘫软、两眼模糊，日常生活无以为继"。[1]

我在前面说过，哀伤需要一个可以像乐手一样即兴演奏的能动者。但是，按道理说，哀伤者所面临的任务比即兴演奏的乐手要更艰巨。至少乐手提前看过乐谱，知道即将演奏的乐曲。哀伤者常常只能对到来的情感产生反应，短暂地勉强应对，无法过多发挥。

哀伤与其他情感状态不同，它让人迷惑或茫然，这不足为奇，因为哀伤以杂乱无序的方式释放大量的情感数据。我们不用费力去理解我们哀伤的原因，但我们通常需要费力理解其中对我们重要的成分。在我们与逝者的关系中重要的成分是什么？我们的理解常常依靠推测并一直在进行，当问题看似解决的时候，新的问题又意外地出现了。路易斯说，哀伤"像一条长长的山谷，它蜿蜒而行，每一个拐弯都可能呈现全新的风景"。[2]最近有关哀伤的研究最活跃的领域是如何将哀伤者明显不健康的（即"病态的"）哀伤经历归类。研究者对于病态哀伤的实质和普遍性（比

1　Didion, *Year of Magical Thinking*, p. 27.

2　Lewis, *A Grief Observed*, p. 28.

如：哀伤在至亲死亡后"推迟"发生的概率有多高，有多"复杂"，延长多久，如何异乎寻常地难熬，等等）的意见不一。[1]但是，所有研究者都承认，哀伤过程并不像其他情感状态（如恐惧）那样具有相对简单的状态。在其他情感状态中，人在遇到某种事态时能迅速了解该事态的意义，而随着他在时间和空间上远离该事态，相关的情感会减弱。杰克·路易斯的哀伤经历证明，哀伤和其他情感反应不同，它常常使我们陷入困境。因此，完整地理解哀伤经历是一个挑战，而理解其他情感状态鲜有此类挑战。

2. 哀伤：回顾过去

哀伤活动有一个维度，我称之为回顾过去。我们在哀伤中回顾过去，是为了理解我们失去的关系。至亲离世让我们失去了一种有多个不同层面的关系。例如，路易斯把乔伊描述为自己的爱人、知己、批评者，他为她的离世而哀伤。在哀伤中，让我们困

---

1 我们在第七章将有机会探讨这些争议。如需了解"如何从理论上表述哀伤，尤其是病态的哀伤"这一话题的相关争议，可以参考以下文献：George A. Bonanno & Stacy Kaltman, "Toward an Integrative Perspective on Bereavement," *Psychological Bulletin* 125 (1999): 760–76；Colin Murray Parkes, "Grief: Lessons from the Past, Visions for the Future," *Psychologica Belgica* 50 (2010), pp. 18–22。

惑、痛苦的方面有很多，其中一个是：一个人的存在以各种不同的方式对我们的实践身份起着至关重要的作用，我们却不知道如何描述它们，并将其分类、总结。那些对我们来说重要到足以引发哀伤的人的缺席，与那些对我们而言无足轻重的人的缺席是不同的。他们的缺席不只是一个抽象的问题，还是一个对我们的个人历史有深刻伦理（价值）意义的事实。我们在哀伤中备受煎熬，部分原因是另一个人的死亡扰乱了我们的实践身份。

但是，我们未必能清晰地认识被扰乱的实质。在这方面，与爱有关的问题就显得尤其尖锐。玛莎·努斯鲍姆强调了我们关于爱的自我欺骗的倾向。对"我们爱谁，如何爱，何时爱，是否爱"这些问题，我们常常抱有矛盾的感情。于是，我们的困难变成了：

> 在身处迷惑（欣喜和痛苦）之时，我们如何知道哪些对自己的认识是值得信赖的？我们自身的哪些部分值得信赖？与我们内心状况有关的故事，哪些是可靠的？哪些是自我欺骗的虚构的故事？我们质疑：当我们用多元的、不和谐的声音讨论永恒的利己心时，真理的标准在哪里？[1]

---

[1] "Love's Knowledge," in B. McLaughlin and A. Rorty (eds.), *Perspectives on Self-Deception* (Berkeley: University of California Press, 1988), p. 487.

哀伤的对象是哀伤者和逝者关系的转变，因此，它可以用鲜明，甚至痛苦的方式把与爱有关的问题提到我们意识的前沿。玛莎·努斯鲍姆使用普鲁斯特的长篇小说《追忆似水年华》来解释哀伤如何提出与爱有关的问题，并给出答案。普鲁斯特笔下无名的主人公一直深信自己对阿尔贝蒂娜的爱已荡然无存。但是，在得知她的死讯后，他痛苦的记忆却伴随着生活的点滴席卷而来，于他而言，他对她的爱俨然是一部弥漫着宗教色彩的启示录。普鲁斯特的主人公为自己的痛苦感到震惊，那仅仅是因为他此前故意不让自己意识到他对阿尔贝蒂娜的爱。在普鲁斯特看来，故事的主人公"以为我看清楚了自己的内心，可是我错了。在过去，即使头脑有多么聪慧的感知能力，也未曾对此有所了解；但是，如今痛苦让我做出突然的反应，也让我看清了一切，这种顿悟仿佛一粒晶莹剔透的盐，坚硬、熠熠闪光、不可思议"。努斯鲍姆认为，我们有这样的情感状态是因为我们往往会养成某种习惯，掩盖我们与他人之间关系的实质以及他们对我们如此重要的原因。我们对我们与他人之间的关系习以为常，漫不经心地把实际生活依托在这些关系之上，但也对我们的依赖视而不见。因此，努斯鲍姆总结说，普鲁斯特的主人公"能够下结论说他不爱阿尔贝蒂娜，部分原因是他对她已习以为常"。[1]同样，狄迪恩也疑惑，"一

---

1 "Love's Knowledge," p. 490.

切都很正常"，她的丈夫约翰怎么可能会死？[1]

我们往往把实践身份建立在他人存在的基础之上，而他人的存在不是永恒的，可是这一切我们全然不放在心上，因此哀伤在某种程度上令我们震惊。哀伤让我们的实践身份的脆弱和偶然变得格外醒目。[2]在哀伤的早期阶段，常见的反应是不信："我不相信他/她/他们/走了。"这样的陈述很难解释和归类，其所表达的可能是库伯勒-罗斯认为的哀伤的第一个阶段——否认。但是，用"否认"描述这些陈述又似乎不准确。哀伤者不是说他不相信至亲已死。[3]相反，这些陈述要表达的是，他们感到至亲的死亡不可预测。这种不信标志着单纯承认死亡和在情感上完全接受死亡这两者之间存在巨大的鸿沟。他们尚未"完全领悟"死亡。"得知他人死亡"和"开始哀伤"之间存在一个瞬间，哲学家里克·安东尼·富尔塔克（Rick Anthony Furtak）详细重构了这个瞬间：

1　Didion, *Year of Magical Thinking*, p. 68.

2　Harry Frankfurt, *The Importance of What We Care About* (New York: Cambridge University Press, 1988), p. 83. 事实上，倘若在逝者生前我们没有将自己的幸福投入在他身上，那么这标志着他去世后我们的哀伤是假的。关于此观点可见 Tony Milligan, "False Emotions," *Philosophy* 83 (2008): 213–30; Jollimore, "Meaningless Happiness and Meaningful Suffering," pp. 339–40。

3　彻头彻尾地否认死亡，妄想逝者仍然活着，事实上这种现象在哀伤中比较罕见。这是马切耶夫斯基（Maciejewski）等人在论文《对哀伤阶段理论的实证检验》（"An Empirical Examination of the Stage Theory of Grief"）中呈现的一个主要研究结果。

我们知道一个人已经死亡，但尚未有深刻得令人不适的哀伤之情。此时的想法近似于一个犹疑不定的假设，一个我们几乎尚未开始承认的假设：这个假设没有深深笃信的力量，没有鲜活的感知印象。如果我刚刚听说我在意的一个人去世了，我可能会从理智上接受这个消息的真实性，但是无法完全意识到这个消息意味着什么。因此，合理的结论是：我不完全明白这个人的死亡，因为没有体会感情的波动而只是想到他的死，这和想到他的死而哀伤是完全不同的。[1]

从一个人死亡的事实，到我们理解逝者是谁，他的死亡为什么对我们关系重大，这之间都存在着巨大的鸿沟；鸿沟之所以存在，大体上是因为人性往往使我们容易忽略实践身份对他人的依赖。[2]因此，在哀伤的"回顾过去"这一维度上，我们尝试填补鸿沟。由于死亡彻底改变了我们与逝者的关系，哀伤让我们不再可能对这些关系视而不见（憎恨死亡的人很可能会这样）。在普鲁斯特和努斯鲍姆看来，我们习惯于忽视他人在我们实践身份中扮演

---

1 Rick Anthony Furtak, *Knowing Emotions: Truthfulness and Recognition in Affective Experience* (Oxford: Oxford University Press, 2018), p. 78.

2 所罗门在《论哀伤和感恩》一文里阐释的一个中心主题是，我们以轻蔑的态度对待哀伤、不愿意表达感恩，其中最根本的原因是我们普遍（错误地）不接受人的软弱和相互依赖的特点。

的重要角色，然而，哀伤是情感波动的一种形式，它会倾覆我们忽视他人角色的习惯。[1]

我们为之感到哀伤的关系并不都是爱的关系。但是，哀伤可以导致对爱的质问，恰恰是哀伤能够以更丰富的方式对所涉及的关系进行质问的有力例证。我们在哀伤中经历的悲伤、焦虑、愠怒等情感都提供了我们与逝者关系的重要性的证据[2]，同时也使这种关系的重要性变得愈加错综复杂。因此，哀伤是一次机会，得以让我们问出"他们究竟是我的什么人？"。由此看来，哀伤是我们认识过去的一个特殊途径。若没有哀伤，我们有可能与我们的个人历史渐行渐远，无法逆转。[3]

1　更多关于哀伤如何打破一个人生活的习惯的内容，参见Peter Whybrow, *A Mood Apart* (London: Picador, 1997); Kym Maclaren, "Emotional Clichés & Authentic Passions: A Phenomenological Revision of a Cognitive Theory of Emotion," *Phenomenology and the Cognitive Sciences* 10 (2011): 62–63; Matthew Ratcliffe, "Relating to the Dead: Social Cognition and the Phenomenology of Grief," in Thomas Szanto and Dermot Moran (eds.), *Phenomenology of Sociality: Discovering the "We"*, (New York: Routledge, 2016), pp. 202–15。

2　我认为，对一个人的死亡没有哀伤也是自我认知的促进因素。没有哀伤说明一个人无论是现在还是过去，在身份构建方面均和逝者没有关系。我们没有因一个人的离世而哀伤，这也许会让我们感到奇怪，那是因为我们曾理所当然地认为自己和他们之间存在着某种关系。

3　Stephen Mulhall, "Can There Be an Epistemology of Moods?" *Royal Institute of Philosophy Supplement* 41 (1996): 192.

3. 哀伤：展望未来

哀伤之人不只会回顾过去。心理学家玛格丽特·施特勒贝（Margaret Stroebe）和亨克·舒特（Henk Schut）详细描述了哀伤的"双重过程"模型。在"回顾过去"的维度上，哀伤者主要关注的是丧失感；施特勒贝和舒特把前瞻的思维框架称为"复原导向"（restoration orientation），即个体在这个被逝者改变的世界里试图重新调整自己的方向。在哀伤的"双重过程"模型中，哀伤者在回顾过去和展望未来中摇摆，犹豫不定。施特勒贝和舒特认为，负面情绪往往占据回顾过去这个维度，然而，在复原导向这个维度上，总体上都是更加积极的情感。更为关键的是，施特勒贝和舒特并不认可，人们在哀伤中为了可以"继续前行"而接受一种关系的逝去。事实上，我们"在哀伤时会重新思考、重新规划生活"，这应当被视为"哀伤的一个基本成分"。[1] 哀伤的这一维度便是展望未来，主要与一个人在至亲离去后如何继续生活有关。我在第二章提过，我们把实践身份投入在某些人身上，死亡引起我们与逝者的关系危机。至亲的死亡使我们与其关系的模式和可

---

1 "The Dual Process Model of Coping with Bereavement: A Decade On," *OMEGA* 61 (2010): 277.

能性发生变化，我们被迫改变了这一关系。[1]

　　因此，我们面临双重挑战，既要回顾过去，理解我们与逝者关系的重要性，同时又要展望未来，确定如何让这种关系适应未来的生活。我们有可能继续把实践身份投入在逝者身上，但需要放弃一些计划、责任和关切之事，因为逝者生前在其中扮演了独特的角色，如今，这样的角色不复存在（例如，如果只剩下一个人，可能无须再住一栋大房子）。其他一些计划、责任和关切之事会继续存在，但因为至亲的离世也需要重新调整、重新思考（例如，迎新年时可能不会再准备家宴而只能找餐馆承办酒席）。还有一些计划、责任和关切之事也许会更容易达成或者变得更吸引人（例如，逝者生前乘船旅行时总晕船，如今则不用顾虑这一点）。倘若丧亲者没有处于自我欺骗的状态，或者没有极端地否认事实，那他就必须考虑自己在亲人离世后的生活，同时做出选择。至亲还在世时，这些选择大多无关紧要；而一旦离世，这些选择则无法避之不谈，甚至十分紧急。许多哀伤之人说，他们不知道"生活该如何继续"。阿米·哈宾（Ami Harbin）将哀伤视为心理"迷

1　Ester Shapiro, *Grief as a Family Process: A Developmental Approach to Clinical Practice* (New York: Guilford, 1994); Tony Walter, "A New Model of Grief: Bereavement and Biography," *Mortality* 1 (1996): 7–25; and S. M. Andersen and S. Chen, "The Relational Self: An Interpersonal Social Cognitive Theory," *Psychological Review* 109 (2002): 619–45.

失"的标准案例，这是非常恰当的——心理"迷失"是一段"暂时延长的"重要生活经历，使人"很难知道生活该如何继续下去"，并常常让人"惶惑、感到陌生、局促不安"。[1]与哀伤有关的"迷失"让人深感"失去了坐标"。[2]有个人曾一直帮助我们把握实践的方向，而如今这位引路人已溘然长逝。科林·帕克斯（Colin Parkes）说，"当有人去世时，以他为根基的一整套关于世界的有效假设突然失效了"。[3]哀伤之展望未来的维度，指的就是在逝者的离开使我们的现实背景发生变化后，我们需努力确认自己与逝者的关系将如何继续。这种变化成为我们情感关注的焦点，而情感关注是哀伤的核心成分。我们的注意力会转向逝去的亲人，因为我们试图认清自己如何在现在和未来与逝者保持联系。

舒特和施特勒贝把自己的观点称为"双重过程理论"，他们显然认为，我提出的哀伤的"回顾过去"和"展望未来"这两个维度在很大程度上是分开而谈的。然而，我认为，把这两个

---

1 Ami Harbin, *Disorientation and Moral Life* (Oxford: Oxford University Press, 2016), p. 2.

2 Owen Earshaw, "Disorientation and Cognitive Enquiry," in L. Candiotto (ed.), *The Value of Emotions for Knowledge* (London: Palgrave MacMillan, 2019), p. 180.

3 Colin Parkes, *Bereavement: Studies of Grief in Adult Life* (London: Penguin, 1996), p. 90.

维度视为一个单一活动的两个元素会更有效。[1]首先，我们在研究其中一个维度时，可以获取与另一个维度相关的证据或认识。当我们思考他人逝去后我们该如何生活时，我们可以反思此人的离世让我们的生活失去了什么。当我们反思与逝者关系的重要性时，我们可以总结如何在没有逝者的情况下竭尽全力地生活，从而理解他们在生前对我们的重要性。从更深的层次上看，我们可以把哀伤视为我们生活叙事的中断。我不认为哀伤一定要采用叙事的形式，但是，哀伤显然是生活叙事中的一个关键时刻，是能够用来解释我们的选择和行动的故事。对我们的实践身份至关重要的人离世，这件事以不同的方式和程度说明了我们的生活叙事不得不做出调整。倘若此人没有离世，我们的选择和行动会截然不同。叙事过程既回顾了过去，又展望了未来：叙事者为了建构一个连贯的故事必须洞察到它的整体性，而且，故事中的任何一个节点都能和其他节点产生联系，从而

---

1 马修·拉特克利夫（Matthew Ratcliffe）依据莫里斯·梅洛－庞蒂（Maurice Merleau-Ponty）的现象学总结出哀伤的主题。他认为，人们经历的哀伤，乃是"哀伤者的世界里弥漫着的存在、缺席和不确定性三者之间的相互作用"（"Towards a Phenomenology of Grief: Insights from Merleau-Ponty," *European Journal of Philosophy* 2019, DOI: 10.1111/ejop.12513）。关于哀伤的研究还有一个主题，那就是将逝者生前的存在与当下逝者的缺席这两种经历紧密联系起来，参见 Thomas Fuchs, "Presence in Absence: The Ambiguous Phenomenology of Grief," *Phenomenology and the Cognitive Sciences* 17 (2018): 43–63。

实现故事的连贯性。只要哀伤具有回顾过去和展望未来这两个维度，我们就可以认为，它是一种根据我们叙事中一个主要人物的离世来修改叙事的活动。那么，"过去他们对我意味着什么？""我该如何活下去？"这样的问题便服务于一个更大的问题："鉴于以往的自己，我将成为谁？"

4. 自我认知和实践身份危机的消解

我在描述哀伤时认为，哀伤是从与逝者的关系危机中产生的情感。在某些哀伤经历中，这种危机是一次重大危机，需要长期、严肃地应对逝者在过去及未来对我们实践身份的重要性。在有些情况下，比如我们仰慕的名人走到生命的终点，这类"危机"可能微乎其微，一个下午的时间就能"消解"。然而，无论关系危机有多么严重，它同时也是身份危机。在探索与逝者的关系时，无论是探讨它在过去对我们的意义还是对未来的影响，我们都在弄清"我们是谁"这个问题。逝者生前对我们实践身份的影响举足轻重，一旦他们离世，实践身份便无法再得到明确的支持，持续下去的理由也不再充分。因此，必须改善或更新。凯瑟琳·希金斯（Kathleen Higgins）说过，我们"对自己与另一个人的互动有着切实的期待，而对方的死亡改变了这种期待，且无法修复。尽管如此，我们依然会在一定程度上根据与对方的关系构建自己的身份认同"。[1]

既然我们身份的关键方面发生了变化，那我们会变成谁呢？诚然，我们因失去而哀伤，但许多哀伤之人也会说失去了自我，与自己熟悉的感受、选择、行事模式疏远。[2]他们常常说："我感到自己有一部分失去了。"有人甚至用身体来描述这种自我的丧失，称其是一种残疾。路易斯把自己的这一状况描述为截肢：

> 一个病人在阑尾手术后痊愈是一回事，他的一条腿被截肢后痊愈则是另一回事。截肢手术后，这个人要么残肢裂口愈合，要么死去。残肢裂口倘若愈合，那种撕心裂肺、无休止的疼痛会随之终止。不久，他恢复体力，借助木制假肢挪步。他"痊愈"了，但是，终其一生，那条残肢会间歇性地作痛，甚至让人难以忍受。况且，他将永远只有一条腿。[3]

---

1 "Love and Death," in J. Deigh (ed.), *On Emotions: Philosophical Essays* (Oxford: Oxford University Press, 2013), p. 173.

2 James Morey, *Living with Grief and Mourning* (Manchester: Manchester University Press, 1995), and Colin Parkes and Holly Prigerson, *Bereavement: Studies of Grief in Adult Life*, 4th ed. (New York: Routledge, 2010).

3 Lewis, *A Grief Observed*, p. 25. See also Ratcliffe, "Grief and Phantom Limbs: A Phenomenological Comparison," and Ratcliffe, "Toward a Phenomenology of Grief," pp. 2–3.

一个人不再完全知道自己是谁，在曾经熟悉的情感环境里迷失方向，这种感觉暗示了哀伤的意图和益处：如果哀伤代表一种对自我的无知（不再把自我视为自我），那么我们可以期待，成功消解哀伤危机就意味着自我认知的重新构建。我认为，哀伤的益处在于自我认知。

让我们设想这一切在路易斯的故事中是如何发生的。乔伊溘然长逝，路易斯哀伤不已，某种程度上是因为乔伊给予他的各种益处（如陪伴）没有了。对于哀伤引发的许多情感，尤其是恐惧、尴尬和怠惰，路易斯都没有充足的准备。乔伊的缺席影响了他日常生活的方方面面。"妻已不在，这事实像天空一样笼罩着一切。"[1] 路易斯不工作时，由于没有其他事情可以分散注意力，便更容易胡思乱想："莫名其妙地感到一切都出了差错，都不合时宜"，这个世界已经变得"单调、残破、不堪入目"。[2]

路易斯的情感状态透露出惶惑、迷失，与他和乔伊的二人世界逐渐疏远。他感到自己发生了巨大变化。但是，这种疏远也让他从自我及过去的实践身份中疏离出来。过去的习惯、地点和活动不再像以往那样能让他产生共鸣，就连自己的身体都是陌生的：

---

1 Lewis, *A Grief Observed*, p. 5.
2 Lewis, *A Grief Observed*, p. 17.

洗澡、穿衣、坐下、再起来，甚至躺在床上，都和从前不一样了。整个生活方式都被迫改变。从前认为理所当然的各种乐趣和活动，都不得不取消。目前，我正在学习拄着拐杖到处走动。可能不久就会装上假肢。然而，我再也不是双腿健全的人了。[1]

路易斯的哀伤涉及了如下两个维度：他回顾着自己和乔伊过去的生活，但也在试图确定没有了妻子无可替代的陪伴，自己的生活前景会变得如何。他尝试去充分地表达乔伊对他过去的实践身份及现在的新的实践身份的影响。事实上，哀伤让路易斯开始思考自己实践身份的每个方面，思考他的学术工作、他的公众形象甚至他的基督信仰等方面的重要意义。

我们经历哀伤之后获得的自我认知不是我们知晓自己戴着帽子、左手无名指受了伤、口渴需要喝水等这样普通的自我认知。哀伤激发出的是夸西姆·卡萨姆（Quassim Cassam）所说的"实质性自我认知"，即对我们的"价值、情感、能力和幸福因素"的认知。[2]我们是与他人共同生活的社会动物，我们的自我理解和实

1　Lewis, *A Grief Observed*, p. 25.

2　*Self-Knowledge for Humans* (Oxford: Oxford University Press, 2014), p. 10.托马斯·阿蒂格（Thomas Attig）论证过类似的观点，他认为我们会在哀伤中"重新学习"自我，"重新学习"世界以及我们与逝者的关系。参见 *How We Grieve: Relearning the World*, revised edition. (Oxford: Oxford University Press, 2011)。

践身份在很大程度上依赖我们与他人分享的社会世界。哀伤反映了我们的实践身份如何深深地植根于这个人人共享的社会世界。我们的实践身份存在的前提是，他人在我们的计划、责任和关切之事中扮演着各种角色，他们一旦离世，就无法再扮演与生前完全相同的角色。努斯鲍姆和普鲁斯特曾强调，我们很容易在情感上自我满足，他人死亡带来的重大打击让我们从中幡然醒悟。所罗门认为，他人的死亡使我们意识到自己的脆弱和对他人的依赖，[1]而我们在繁忙的日常生活中往往忘却了这些事实。我们最终能从哀伤中走出来，拥有焕然一新的实践身份和更稳定的自我认同，是因为哀伤让我们更深刻地认识了过去的自我和我们努力要成为的未来的自我。因此，自我认知是哀伤的意图和益处。如此看来，哀伤是一个具有哲学性的课题，因为它会迫使我们设法解决哲学探索的一个核心问题：我该如何生活？

当然，哀伤不是在生活中获得"实质性自我认知"的唯一机会，但它是自我认知的一个特别重要的源头，尤其是在哀伤强度大，持续时间长的情况下。一系列的情感会随之涌现，因而也会出现一系列与我们和逝者的关系以及实践身份有关的不同事实，而生活中的其他经历几乎不会产生与身份有关的类似瞻望。哀伤蕴含着强烈的情感，这使它成为自我认知的一个强大动力。涌现

---

1 Solomon, "On Grief and Gratitude."

出的情感能促进人们反思、慎思和行动，且很难逃避。正如我们在第二章探讨的，哀伤是一种对我们和逝者关系的持续的情感关注，这种关系无法按照过去的模式继续下去。它激发了我们竭尽全力地回顾过去，展望未来，理解与逝者的关系。最后，哀伤为我们提供了一次在人生的关键时刻进行自我认知的机会。为了人生可以继续走下去，我们需要哀伤所激发的自我认知。倘若没有这种自我认知，我们就会面临重重险境：我们会跌入过去的泥淖，流连于我们与逝者的关系，而这种关系已无法再以从前的形式维持下去；或者我们会"继续走下去"，但未能把这种关系融入未来的实践身份中。因此，哀伤在我们人生的某个时刻出现所引发的自我认知可能对我们尤为重要，它出现在生活经历中，是实质性自我认知的强有力的源泉和动力。这也说明，在通往自我认知的诸多途径中，哀伤是独特的那一条。至少我无法想象其他的任何生活经历能够像哀伤一样为我们提供相同的自我认知的可能性。

我认为，自我认知是哀伤的特别的益处。针对这一观点，存在三个异议，现在我们逐一讨论。

5. 异议 1：自我不是静态的

把"自我认知"视为哀伤的意图或益处，有人可能对此感到讶异。"自我认知"这一术语可能意味着自我是一个静态的实体，一套可以彻底掌握的不变的事实。然而，我把自我认知称为哀伤的益处并没有暗示自我是一个稳定的实体。哀伤是受情感驱动的活动，涉及多种情感状态，每一种情感状态都驱使我们为其所代表的重要事物寻求佐证，以及关注这些重要事物的缘由。[1]在哀伤中发怒的人会发现自己简直莫名其妙或出人意料。为了分析为何愤怒，他会让自己去描述这一情感状态，试图确认他和逝者关系中的哪些元素引起了愤怒；同时，他还会去评价愤怒，尝试去评估这样做是否有正当理由。在我们理解自己的情感时，尤其当这些情感出人意料或异乎寻常时，我们会先假定这些情感是有正当理由的：我们不仅有这样的情感，而且应当有这样的情感。可是，这样的假设最终可能会被推翻，因为我们最终可能得出结论：愤怒是没有正当理由的。但是，就连这样的结论也代表了一小部分实践性的自我认知（比如，我们应当试图把逝者融入我们未来的生活中，尽可能让自己从愤怒中走出来）。作为一种"质问"性质的情感，哀伤会引发双重问询。斯人已逝，我们为之哀伤，在哀伤中我们逐渐认识到实践身份将包含什么因素——哪些计划、责任和关切之事将带领我们走向未来。要确认这些因素，就必须盘点过去并同时考虑新的计划、责任和关切之事。寻找新的、能适应逝者留下的新环境的实践身份，这基本上是一种实践性的事业。

1　Brady, *Emotional Insight*, p. 154.

因为在哀伤过程中，我们寻找的是我们能够认可的实践身份。正如科尔斯戈德所言，实践身份不只是对我们自身事实的陈述，它还是我们用以衡量自我价值的描述，为我们的行为提供理由，并为我们的选择做出指导。实践身份中的许多因素都经得起我们在哀伤过程中对实践身份的重新调整，而其余一部分因素则会显得更加新奇。比如，乔伊离世后，杰克·路易斯继续在剑桥大学教书，但乔伊在上一段婚姻中生的两个儿子却让他担任了"单身父亲"这一新角色。经历哀伤后，我们逐渐认识到自我不是静态的。

诚然，"自我认知"这一术语可能只是笨拙地反映了我们所探讨的益处。尽管如此，自我认知是哀伤的意图，也是其具有的特别的益处，这一事实与哀伤经历完全吻合。

6. 异议 2：过度理智化

哀伤是一种旨在"揭示真相"的情感。[1]倘若我们逃避哀伤，或心不在焉、自欺欺人地应对哀伤，我们就会失去一次自我认知的重要机会，于我们并无益处。我认为，为了逃避情感的动荡而放弃哀伤的机会只有在极少数情况下是明智的。

然而，有人也许会认为把哀伤的益处归为自我认知乃是将哀

---

1 Furtak, *Knowing Emotions*, p. 20.

伤理智化。在我看来，成功的哀伤活动会以理想的认知状态——自我认知——而结束。这似乎是把一个情感过程变成了一个完全的理智过程。几乎没有哪个处于哀伤之中的人会使用我所描述的哀伤术语来看待自己的哀伤之情，"幼稚的"哀伤者更不可能通过哀伤获得自我认知。例如，小孩子因为宠物的死亡而哀伤。如果说他是在追求自我认知，这可信吗？

如下几个要点足以回应"过度理智化"这一异议。首先，该异议暗示了人们能轻易地接受情感和理智的二元分法。然而，情感不是存在于我们头脑之外、与重要事实脱离的"哑巴"状态。情感在理性判断的产生和完善过程中起着重要的作用。我们在前面曾强调，哀伤是一种情感关注，我们会对自己与逝者的关系产生各种形式的情感（悲伤、愤怒、内疚等）。因此，哀伤让我们认识了对我们重要的事物，塑造了我们的信念并被信念塑造。由此看来，"过度理智化"这一异议忽视了情感与理性判断互动的方式。此外，尽管哀伤的意图是一种认知状态而非情感状态，情感对我们获取这种认知的能力也是不可或缺的。自我认知是哀伤的意图或益处的观点并没有排除哀伤的情感性，相反，自我认知解释了哀伤中的情感如何具有一致性并使哀伤这一活动达到圆满。

其次，想象在哀伤中起着一定的作用，有助于自我认知。我们知道，至亲的死亡并没有结束我们与他们的关系，而是需要我们重新调整这种关系，并对这种关系及其持续方式进行探索。探索的形式有时可以是艺术的或创造性的表达（比如写日记、制作剪贴簿）。我们与逝者的关系大多是"想象的"互动，即我们想象逝者并与其对话或交谈。[1]这些互动不是真实的，除非我们接受有来生存在，否则我们就不是真正地在与逝者交谈。然而，我们说这些互动是想象的并不指它们是虚构的。想象的互动需要我们和逝者有实际的生活经历，假设与他们交流。这种想象的互动可以支持马修·拉特克利夫常说的与逝者的"第二人称"的关系的论点。[2]假如我们看一部电影，我们也想知道离世的亲人会怎么看待这部电影。从丧亲者内在的视角来看，这种询问可能是第三人称的："他会怎么想？"但是，也可以用第二人称并以想象的形式问逝者："你会怎么想？"在哀伤的"回顾过去"和"展望未来"的维度上，这种想象的互动是有用的，它能使我们意识到自己与逝者生前的关系，进而培养与逝者的新的关系。[3]与逝者的想象的互动在一定程度上是理智的，因为它依赖于我们当下对逝者所持的信念以及与其相关的经历。但从另一个角度看，因为它是想象的，我们会尝试将自己的认知延伸至新的现象中，去假设我们与逝者未来的互动。现代科技使这种想象的互动有了新的形式。人们已

1　Norlock, "Real (and) Imaginal Relationships with the Dead."

2　Ratcliffe, "Relating to the Dead: Social Cognition and the Phenomenology of Grief."

3　拉特克利夫同时也认为，这种第二人称的互动也能让人进一步认识死亡如何使他们的世界变得难以理解（"Relating to the Dead," p. 211）。

经研发出聊天机器人，可以利用逝者生前在网络上的互动数据。这种聊天机器人可以通过预测性分析（predictive analytics）技术来模仿逝者对生者可能会做出的反应。倘若这种聊天机器人取代了哀伤的其他形式，或者哀伤者认为逝者就在聊天机器人的背后，因而"超自然地"认识这些互动，那将会是不幸的。尽管如此，科学技术还是提供了真实的机会，将逝者置于想象的层面之上，同时建立了生者与逝者持续的纽带。[1]

最后，我们必须区分以下两种哀伤：（1）将自我认知作为其意图的哀伤；（2）将自我认知作为其多个目的之一的哀伤。哀伤和其他活动一样，其过程包含多个部分、经历或状态。这些组成部分很可能有各自的目的，无须和自我认知这一意图相吻合。付账单的人或会议的组织者都有更大的意图，但是在活动的各个组成部分里，他们不必牢记那个更大的意图。活动会随着时间向前推进，他们只需记住小的、辅助性的目的（例如，按到期时间排列账单，记流水账，等等）。在实现活动意图的过程中，我们的努力往往并不是以这个意图为导向，而是以活动的各个组成部分为导向。因此，我觉得哀伤亦如此：几乎没有哪个人会在哀伤时有意识地追求自我认

---

1 Alexis Elder, "Conversation from Beyond the Grave? A Neo-Confucian Ethics of Chatbots of the Dead," *Journal of Applied Philosophy* 2019, https://doi.org/10.1111/japp.12369, and Patrick Stokes, "Ghosts in the Machine: Do the Dead Live on in Facebook?" *Philosophy and Technology* 25 (2012): 363–379.

知。相反，在哀伤过程的各个组成部分之中，哀伤者怀有各种目的，比如，表达悲伤或渴望的心情，处理逝者身后的法律问题，建立日常生活的新模式。哀伤者通过参与哀伤过程的各个部分而达到哀伤的最终意图——自我认知，但这并不是因为哀伤者在哀伤的任何一个阶段，甚至整个过程中追寻自我认知而实现的。相反，自我认知是圆满的哀伤活动的副产品，不是活动专设的目的。因此，哀伤的意图可能是"理智的"，但过程中的诸多目标未必是理智的。从这个方面看，圆满的或健康的哀伤活动，最好通过间接的方式来追求。全身心地致力于过一种心血来潮的生活会适得其反；同样，全然为了实现自我认知而全身心地哀伤，也会适得其反。

7. 异议 3：哀伤并非自我关注

许多批评者可能担心，我会把哀伤描述为过度的自我关注。我们哀伤时产生的许多念头与我们自己及自身的状态都无关，这些念头主要针对逝者。毕竟，我们是为了逝者而哀伤。"从哀伤者的角度来看，一个人的情感状态是向外的：关乎世界的某个方面。"[1] 批

1　Furtak, *Knowing Emotions*, p. 36. 另见 Moller, "Love and the Rationality of Grief," in C. Grau and A. Smuts (eds.), *Oxford Handbook of the Philosophy of Love* (Oxford: Oxford University Press, 2017), p. 11. DOI: 10.1093/oxfordhb/9780199395729.013.35。

评者可能辩解说：倘若坚持认为哀伤将自我状态（自我认知）视为意图，这就歪曲了哀伤，并将其理解为一个以自我为中心的甚至自恋的状态。

这一异议不无根基，因为它观察到我们在哀伤时的心理关注不是我们自身而是他人。但是，我认为，表象具有欺骗性。

我们的许多情感都关注我们自身之外的事实。恐惧和愤怒指向外在世界的事实。例如，我们去赶公共汽车，可是有些迟了，我们就担心错过这辆车；一旦我们看见公共汽车绝尘而去，我们就因为错过而大为光火。但是，还有其他一些情感针对我们自己。例如，我们因自己的身份或行为感到羞耻。在这种情况下，我们是为自己而耻的。同样，我们也会走到羞耻的对立面：我们因自己的身份或行为感到自豪。这些情感都可能存在，因为人类的意识包含了自我意识。我们可以感知周围的世界，也能感受到自己对周围世界各种事件所产生的恐惧、愤怒等情感。我们有自我意识，因而对自我也有情感。当我们以这些方式体验这些情感时，这些情感就具有自反性。[1]

当前的异议可以这样复述：我在描述哀伤时认为，哀伤者关注自我，尤其关注我们的实践身份以及他人的死亡如何影响我们

---

1 Alexandra Zinck, "Self-referential Emotions," *Consciousness and Cognition* 17 (2008): 496–505.

的实践身份。但是，哀伤以及构成哀伤的各种情感状态不具有自反性，因为我们哀伤的对象不是自己。相反，哀伤把我们的注意力转移到了逝者身上。

从某种程度上说，我对这种异议的回应在第一章中就可以预测了。我们在第一章特别提到，不是所有死亡都会引发我们哀伤。哀伤具有选择性。那些以特定的方式对我们重要的人离世才会引发我们哀伤。我曾论证说，他们已经融入我们的实践身份，因此是我们生命中重要的人。如果我们和逝者生前没有重要的关系，那就很难解释哀伤的选择性。哀伤肯定以自我为中心，哀伤者关注他人的死亡如何影响自己；否则，无法解释为何引起我们哀伤的是兄弟姐妹或伴侣的死亡，而不是邮差或牙医的离世。以自我为中心的反应关注的是自我，重视的是我们作为哀伤者失去了什么，这一点不难理解。

诚然，我的反对者会诘问：在哀伤过程中，我们的许多念头都是围绕逝者而（显然）不是我们自己，这又该如何论证你的上述观点呢？

请回忆我前面的观点：哀伤是一种情感关注。关注和哀伤一样具有选择性。所谓关注，是指我们将智力资源奉献给某些事实而不是其他事实的能力。在哀伤过程中，我们与逝者的关系以及逝者在我们的实践身份里扮演的角色，（我认为）这一切都在指引着我们的注意力。逝者并没有在方方面面都对我们以及我们与之的关系起着重要的作用。以记忆为例。记忆本身就是对过去的一种关注，它有极强的选择性。我们的记忆鲜有"摄影般的"效果，几乎无法重新呈现某个重要事件或经历的每个细节。我们的情感本身影响了我们记忆的内容和方式，因此，从根本上说，我们往往记得引发过强烈情感的事实。[1]哀伤者可能拥有许多关于逝者的鲜活记忆，但是，他的记忆受自身经历所限，而且他能记得的都是引发他强烈情感的事实——用我的话说就是，那些为他提供已经融入他实践身份的对逝者的记忆的事件。

但是请注意，一个人的记忆是对自己人生经历的记忆，哪怕他本人没有出现在这些事件中。也就是说，在我们的记忆里，我们基本"消失"了，从中退出了。但有个例外的情况：我们的记忆在情感上具有诱发力。我们常常记得自己在过去的事件中经历的情感。事实上，我们记得过去所做的大部分事情就是因为情感的缘故。因此，记忆常常是一面镜子，在镜子中，我们是无形的，只能看到我们的情感。

记忆是这样，哀伤普遍也是这样：我们头脑里与逝者有关的各种念头，从根本上来说也与我们有关系。与逝者有关的事实，我们也参与其中，但这仅仅是因为我们的实践身份将这些事实与

---

1 Chai M. Tyng et al., "The Influences of Emotion on Learning and Memory," *Frontiers in Psychology* 8 (2017):1454. DOI:10.3389/fpsyg.2017.01454.

我们和逝者的关系关联在了一起。我们想起逝者时，会认为自己并没有出现在与逝者有关的念头里，之所以会这么认为，只是因为我们没有作为客体在里面出现。但是，我们作为这些念头的情感主体却实实在在地出现了。所以说，认为哀伤不是以自我为中心的或者不具有自反性，这种看法是荒谬的，因为我们作为情感主体出现在与逝者有关的念头里，只是我们并未意识到这一点。

8. 健康的哀伤：不是翻篇，也不是放下

本书的目的不是以任何直接的方式起到疗效。但是，当我们哀伤时，更好地理解我们的处境能够成为安慰或消除疑惧的来源。接下来对哀伤的益处的描述会向我们展现健康的哀伤是什么样子，是如何具有吸引力的。弗洛伊德认为，健康的哀伤的宗旨并不是要切断我们与逝者的关系。[1]因为圆满的哀伤并不意味着哀伤者与逝者的关系会停止。我们与逝者的关系经常能够而且应该在情感和实践中继续下去。因此，哀伤的终点不只是"翻篇"，也不只是"放下"。现在有一种流行的说法：最好"执着地"或者无限期地

---

1 Sigmund Freud, in "Mourning and Melancholia," *Internationale Zeitschrift für Äztliche Psychoanalyse [International Journal for Medical Psychoanalysis]* 4 (1917): 288–301.

处理哀伤，就好像它是无法抹去的伤口。[1]但是，我对哀伤的描述并不支持这一观点。我认为，哀伤的结束有时是暂时的：我们对逝者的记忆会随时浮现于脑海，意料之外的某种刺激（如声音或颜色）有时会让哀伤再度归来。但是，这并不意味着我们应该希望哀伤永远不要减弱。正如社会学家托尼·沃尔特（Tony Walter）所说的，圆满的哀伤能够让我们塑造出一个"经得起时间考验的人物传记"，将有关逝者的记忆融入我们的实践身份。[2]有益的哀伤（即哀伤的益处明确地实现了）不是"放下"或"执着"的问题，而是以与逝者生前的关系为基础的再建设。我对哀伤的描述承认，哀伤往往会得出一个试探性结论，如果该结论和自我认知相吻合，哀伤便能促进良好的生活。哀伤在结束时往往没有来自心理的预警或通知。但是，在我的描述中，哀伤的终结不是由我们自己决定的。哀伤的结束无须与自我认知的实现在时间上完全吻合，而我们也未必会认识到自我认知的益处已经实现。实现益处可能需要坚韧不拔的毅力，或偶尔付出努力。但是，如果自我认知即将实现，我们就不会有那么多理由为哀伤感到遗憾，而把哀伤作为人类状态的一个重要部分推荐给别人的理由也会变得不再那么模糊了。

---

1 Bonanno, *The Other Side of Sadness*; and Konigsberg, *The Truth About Grief.*

2 Walter, "A New Model of Grief: Bereavement and Biography."

9. 复原，恢复，遗憾

近期有几位哲学家得出结论：人们有理由对常见的哀伤呈现方式感到遗憾。许多研究都表明，我们从哀伤中"恢复"的速度要比我们预期的快得多。比如，丧偶的人大多数在六个月之后就能恢复到之前的主观幸福的基准线上。[1] 几位哲学家经过研究还发现，哀伤后很明显就"复原"会令人担忧我们和重要的逝者的关系。对于这份担忧究竟是什么，哲学家们的看法不一。丹·莫勒（Dan Moller）考虑到，这可能说明逝者一开始就对我们并不重要；或者，如果哀伤中悲伤的情感不复存在，就代表我们失去了与逝者维持

---

1 A. Futterman, J. Peterson, and M. Gilewski, "The Effects of Late-Life Spousal Bereavement Over a 30-Month Interval," *Psychology and Aging* 6 (1991): 434–41; S. Zisook et al., "The Many Faces of Depression Following Spousal Bereavement," *Journal of Affective Disorders* 45 (1997): 85–94; George Bonanno et al., "Resilience to Loss and Chronic Grief: A Prospective Study from Preloss to 18-Months Postloss," *Journal of Personality and Social Psychology* 83 (2002): 1150–64; Bonanno al., "Grief Processing and Deliberate Grief Avoidance: A Prospective Comparison of Bereaved Spouses and Parents in the United States and the People's Republic of China," *Journal of Consulting and Clinical Psychology* 73 (2005): 86–98; Bonanno et al., "Resilience to Loss in Bereaved Spouses, Bereaved Parents, and Bereaved Gay Men," *Journal of Personality and Social Psychology* 88 (2005): 827–43; M. Luhmann et al., "Subjective Well-Being and Adaptation to Life Events: A Meta-Analysis," *Journal of Personality and Social Psychology* 102 (2012): 592–615; Bonanno, *The Other Side of Sadness*, chapter 4.

关系、理解逝者重要性的基本方式。[1]埃丽卡·普雷斯顿-勒德和瑞安·普雷斯顿-勒德（Erica & Ryan Preston-Roedder）认为，复原代表了对逝者的离弃。[2]阿龙·史末资（Aaron Smuts）得出的结论则是：悲伤的缺席意味着我们不再在乎逝者，这也是一种"自我的死亡"。[3]

我认为，这些对复原的担忧和遗憾在很大程度上是失当的。这并不是因为哀伤从来不令人感到遗憾。我们可以以杰克·路易斯为例。我曾质疑路易斯的哀伤大多是徒劳的，因为他的回忆录几乎没有暗示他获得过自我认知，也就是我论证过的作为哀伤益处的那种自我认知。在《卿卿如晤》中，乔伊随着叙事的推进逐渐淡出读者的视线。路易斯开始越来越客观地审视自己的状况，寻找安慰。"从理性的角度看，妻子的死为宇宙的奥秘带来了什么新的问题？它又凭什么能让我对自己全部的信仰产生了怀疑？"[4]路易斯对这些问题的回答是：什么都没有，也没有任何理

1　Moller, "Love and Death."

2　Ryan Preston-Roedder & Erica Preston-Roedder, "Grief and Recovery," in A. Gottlib (ed.), *The Moral Psychology of Sadness* (London: Rowman & Littlefield, 2017), pp. 93–116.

3　Aaron Smuts, "Love and Death: The Problem of Resilience," in Michael Cholbi (ed.), *Immortality and the Philosophy of Death* (London: Rowman & Littlefield, 2015), pp. 173–88.

4　Lewis, *A Grief Observed*, p. 17.

由。他得出了结论：他应当感谢上帝，是上帝赐给他真爱，让他像爱上帝那样爱乔伊。于是，他的关注点从他和乔伊的关系转向他和上帝的关系。基于杰克对基督教的信仰以及对神学的兴趣，这种转变还算是可以预测的。但是，他从未直面自己因乔伊离世而产生的羞愧和绝望，也从未质问自己为何对哀伤中的情感感到震惊和诧异。在哀伤中，"他一味沉浸在自怜中，沉湎于那甜腻的可恶的快感"，这种沉迷和放纵令他反感、惊骇，但他并没有质问自己。[1]在我看来，杰克·路易斯从哀伤中逃了出来，躲到一处能让他感到心理舒适，却情感贫瘠的地方，他这么做可能会被剥夺宝贵的自我认知的机会。

因此，哀伤可能会让人感到遗憾。但我怀疑上述哲学家们所担忧的复原能否构成遗憾的理由。哲学家们会担忧，是因为他们对死亡如何影响生者与逝者的关系存有错误的印象。我们知道，在大多数情况下哀伤者都会继续保持与逝者的关系。事实上，如果哀伤者能够让自己与逝者的关系在由逝者离世而带来的全新的条件下继续下去，这种哀伤似乎是最健康的。[2]因此，上文普雷斯顿-勒德的担心——悲伤以意料之外的速度减弱，从

1　Lewis, *A Grief Observed*, p. 18.

2　Daniel Russell, *Happiness for Humans* (Oxford: Oxford University Press, 2012), pp. 224–27.

哀伤中"恢复"或者复原表明了生者对逝者的离弃——是不合理的。因为一般来说，人们不会离弃逝者。前面我们提到了史末资的顾虑，他认为哀伤之后很快复原代表了我们不再在乎我们曾经所爱的人了，所以被爱所定义的自我也会随之"死亡"。这样的顾虑同样不合理。我已经论证，至爱之人的死亡必然会引起我们与其关系的彻底转变，我们的自我也需要随之彻底转变（即改善或更新我们的实践身份），但这种转变的出现并不意味着逝者对我们不再重要。他们对我们依然重要，只是方式与其生前大相径庭。

莫勒认为，哀伤后复原消解了我们与逝者基本的认知联系。在他看来，"情感免疫系统"让我们从剧烈的情感损失中太快地恢复，这种"恢复"导致我们的情感反应不再与逝者的重要性紧密相关："情感反应的强度迅速降落至基准线，仿佛不再能反映至亲死亡的恐怖。即使如此，我们所失去的也依然没有变化。"[1]其结果就是我们看不见逝者对我们的重要性了，更严重的是，我们也无法"洞察自己的状况"。[2]也就是说，我们经历的是一种情感的疏离，与逝者对我们的重要意义逐渐疏远。

1　Moller, "Love and the Rationality of Grief," p. 8.

2　Moller, "Love and Death," p. 311. 另见 "Love and the Rationality of Grief," pp. 2–3。

另一方面，莫勒就哀伤的价值所得出的结论和我的有着惊人的相似之处，他曾说，哀伤的价值在于能够让我们洞察自己的状况（即获得自我认知）。莫勒认为，哀伤结束得过快是一种遗憾。我们后面将（在第五章）对此做进一步的探索。然而，莫勒在论证"复原为什么是一种遗憾"时使用的哀伤概念过于狭隘了。

　　倘若我们在哀伤的过程中感受的悲伤是哀伤的全部，而悲伤消失得过快让我们无法看见逝者的重要性，那么，这样的经历确实令人遗憾。但是，我们在前面已经了解，悲伤并不是哀伤活动的全部内容。我们在哀伤中还会出现其他情感状态，比如焦虑、内疚、喜悦、愤怒等。这些情感状态让我们与哀伤的对象"保持着联系"，其重要性并不亚于悲伤。悲伤之外的其他情感往往比悲伤本身持续的时间更长。在这种情况下，所谓从哀伤中"恢复"只是意味着不再承受悲伤的重负而已。事实上，悲伤之外的其他情感让我们有足够的机会继续在哀伤中洞察自己的状况。如果我是正确的，那么，哀伤以悲伤之外的其他情感状态存续恰恰是我们所希望的。以这种方式存续的哀伤会产生珍贵而牢固的自我认知——如此看来，我们就没有理由感到遗憾。而是否应当为莫勒所说的复原或恢复感到遗憾，也就成了一个复杂的问题，应当视情况而定——这取决于哀伤经历是否在很大程度上产生了自我认知。[1]

10. 自我认知有何益处

需要注意的是，在我看来，哀伤的益处不在于让人产生良好的感觉。事实上，也许哀伤不得不使人有难受的感觉，才能产生自我认知，使其有益。我的结论是，哀伤特别的益处在于它会培养深刻的自我认知。当然，有些人可能对此不以为然。他们可能会问，这样的自我认知究竟又有什么益处？

我无法在此详尽地研究自我认知如何对我们有益。但首先需要注意的是，自我认知有工具性价值，这显而易见。我们为了获得大多数想要的东西，就需要认识自己，认识自己的信仰、欲望、

---

1 哀伤的对象是什么？我和莫勒对此意见不一。他认为，我们因失去一个人而哀伤（"Love and the Rationality of Grief"，p. 10）；我认为，我们因失去和逝者生前的关系而哀伤。而且，我的这一观点可以解释与哀伤有关的诸多事实，如哀伤具有选择性，哀伤过程因与逝者关系实质的不同而有所差异，逝者的离开令我们产生迷失感或造成我们自我身份的丧失，与我们不存在亲密关系的人的离世也会让我们哀伤。莫勒的立场——哀伤的对象是逝者本人的死亡——则可以解释这样的事实：我们为与我们有关系的人而哀伤。但是，哪种关系引起哀伤？哀伤的方式是什么？何时哀伤（哀伤持续多久，遵循何种模式）？我们哀伤的理由是什么？这些问题莫勒都无法回答。综上所述，我对莫勒的观点做了进一步的评价，并回答了我们是否应该对哀伤的方式感到遗憾，可参见："Regret, Resilience, and the Nature of Grief," *Journal of Moral Philosophy* 16 (2019): 486–508。

理想。为了理性地追求自我发展，也需要自我认知。如果我们希望自己的道德品行更高，希望提高技艺或改善习惯，就可以通过了解自己的美德、技艺或习惯在当下的状态来受益。毕竟，改变状态总需要先了解状态，了解它是容易改变的还是相当顽固的。知识就是力量，自我认知也是一种自我管理的力量，因此，自我认知就像其他形式的力量一样服务于我们的目的。

在哀伤这个特别的例子中，自我认知让我们能够实现理想的心理状况。当我们获得哀伤提供的自我认知，我们的人生就有了更高水平的连贯性或完整性。从当下的视角看，我们的人生在整体上有了更深刻的意义。我们把实践身份投入在一些人身上，他们的死亡已经融入我们当下的实践身份里。只要当下的实践身份延续到未来，他们也会投射到我们未来的生活里。因此，因自我认知而圆满的哀伤也能让我们避免自我意识的疏离或破碎。

自我认知使人们有能力实现自己的目标，达到具有人生连贯性或完整性的理想状态。然而，自我认知的价值还不止这些。事实上，自我认知具有内在价值，这种价值为它本身所固有。[1]其中的原因如下：除非在极罕见的情况下，我们通常都是爱自己的。

---

1 我接下来的论证深受乔丹·麦肯齐（Jordan MacKenzie）的影响。见 Jordan MacKenzie, "Knowing Yourself and Being Worth Knowing," *Journal of the American Philosophical Association* 4 (2018): 243–61。

我们爱自己，无需理由。从我们的角度看，我们的命运不只是某个人的命运，我们的命运就是我们自己的命运，正因为如此，我们注定把自身深深地投入到自己的命运里。[1]

自然，我们也爱他人，关心他人。但倘若不用心了解对方表面之下的内在（他们的欲望、情感、责任、规划等），似乎就与爱背道而驰了。假如汤姆说自己爱厄休拉，但同时对厄休拉这个人的内在丝毫不感到好奇，我们就有理由怀疑汤姆自诩的对厄休拉的爱。我们尤其会担心，对汤姆来说，他对了解厄休拉的兴趣仅限于他需要知道的部分，以便于爱他自己。也就是说，他认为，关于厄休拉他需要了解的方面，就是为了顺利达成爱他自己的目的而需要了解的那些方面。如果他对了解厄休拉毫无兴趣，则可能说明他一直把厄休拉当作工具，并没有因为她这个人而爱她。如果汤姆非常了解厄休拉，那么他在关心她、爱她时就会做得更周到，能更好地支持她，不太可能让她沮丧或惹怒她，送给她的生日礼物也会更合适。因此，汤姆对了解厄休拉所表现出的淡漠对厄休拉而言是具有反面价值的。

汤姆对厄休拉缺乏好奇心，他就辜负了厄休拉，但这不是批

---

1 我曾撰文论证过，我们可以从一个人丧失自爱能力这一视角来看待自杀的思维过程。见 "Suicide Intervention and Non-ideal Kantian Theory," *Journal of Applied Philosophy* 19 (2002): 245–59; "A Kantian Defense of Prudential Suicide," *Journal of Moral Philosophy* 7 (2010): 489–515。

评汤姆的唯一原因。渴望被爱，就是渴望他人看见我们的全部，渴望他人理解我们——换言之，懂我们。我们希望别人懂我们，并不只是为了让他们能更好地服务于我们的目的。懂我们是我们被珍惜的基础。爱我们的人如果珍惜我们，就会把我们看作思考、关注与欣赏的对象。他们这样看待我们，就会了解我们的本性，也能尽最大的可能与我们的思想产生共鸣。[1]因此，对所爱之人的了解异常宝贵，其价值不仅在于能让我们更好地关爱对方，事实上，了解在本质上就是一种宝贵的关怀方式。

那么，自爱和自我认知又该如何解释呢？努斯鲍姆在谈及对他人的爱时所主张的观点在一定程度上适用于自爱。我们爱自己时究竟爱的是谁，这个问题犹如迷雾。在获得自我认知的过程中，我们让爱的焦点变得愈加醒目，同时也得以珍视与自己朝夕相处有时又颇为陌生的那个人。自我认知让自爱丰富了起来。正如了解他人是关怀他人的一个具有内在价值的方式，了解自我也是自爱、自我关怀的一个具有内在价值的方式。

因此，若我们有理由鼓励我们爱的人哀伤，那么理由在于哀伤能够培养自我认知，而自我认知具有工具价值和内在价值。同

---

1 浪漫的爱情尤其需要以特殊的形式观察和认同所爱的人。此为特洛伊·乔利摩尔（Troy Jollimore）所著的 *Love's Vision* (Princeton, NJ: Princeton University Press, 2011) 的一个突出的主题。

样，若我们爱自己，我们也有理由鼓励自己哀伤，并为哀伤是一个自我认知的机会而心怀感恩。

11. 悖论的局部消解

现在，消解哀伤的悖论的方法显而易见了：哀伤虽然痛苦，却有一个特别的益处——自我认知。这一益处解释了为何容易哀伤于我们是更好的，而不应该像加缪的主人公默尔索那样回避哀伤；它还可以解释我们为何应该鼓励他人哀伤。在下一章，我们将会看到，要完全消解哀伤的悖论需要进一步探讨与哀伤有关的痛苦。尽管如此，自我认知是哀伤产生的益处这一事实提供了更有力的佐证，让我们更加相信了哀伤的价值，了解到哀伤的价值超越了"哀伤是一种宽慰""哀伤是接受他人死亡"等流行的看法。

第四章

从痛苦中获得益处

请回想一下哀伤的悖论：

（1）哀伤让人难受，因此，应当逃避或为之感到遗憾。

（2）哀伤是有价值的，因此我们（和其他人）不应当完全逃避，而应该感恩哀伤。

机敏的读者会注意到，第三章始终在论证上面第二个说法（即哀伤有价值）的合理性。我们得出的结论是：哀伤的价值在于它能够成为自我认知的一个特别来源。

但是，我的结论（哀伤可以产生特别的益处）和哀伤的另一特征（哀伤可能极其有害，并且让人十分痛苦）是兼容的。我们在引言里提到，哀伤是人生最艰难的经历之一。它能产生自我认知这一益处可能不足以说明为此经受痛苦就是值得的。我们在前面也用坐牢或失业来作了类比：坐牢或失业都可能带来一些益处；但这些益处与其"弊端"相比显得不值一提，无法说服我们鼓励我们关爱的人去体验坐牢或失业，也不足以让我们自己为得到坐牢或失业的"机会"而心存感恩。可是，这样悲观的结论并不适用于哀伤。为什么？

要完全消解哀伤的悖论，还需要研究哀伤中的痛苦，尤其是这些痛苦与哀伤及自我认知（我在前面提过哀伤特别适合提供自我认知）的关系。本章将研究可以理解这种关系的几种方法，并得出我认为最合理的阐述。依照这样的阐述，尽管我们无法否认哀伤的过程是痛苦的，但这种过程却可以将其中的痛苦转化为有益的痛苦。

在这之前要发出一个警告：如果想满意地消解哀伤的悖论，无须证明每一段哀伤经历（有各自的益处和害处）对哀伤者而言都是有益的，我们在上一章已经说过，哀伤活动可能不会产生自我认知这一益处。哀伤的悖论的消解只需要说明许多哀伤经历对哀伤者而言都是有益的。

1. 自虐

消解哀伤的悖论的其中一个方法应当是说明，哀伤明显的心理痛苦并不能最直接地代表痛苦。一种偏离主流的对痛苦的描述方式，便是"痛苦是自虐的"。

我们很容易认为痛苦和愉悦是两种互相排斥的相反状态：任

何愉悦的状态都不痛苦,反之亦然。然而,事实并非如此。亚里士多德认为,愤怒是愉悦和痛苦的混合状态:愤怒让人感觉糟糕,但它与快乐共存——快乐是因为我们会想象要报复那个欺负我们的人。[1]休谟指出,尽管惊悚作品会引起我们的焦虑或恐惧,但许多人都会主动从中寻求快乐,并乐在其中。[2]神经科学哲学家科林·克莱因(Colin Klein)列举了其他一些愉悦与痛苦共存的事例:做一次深层组织按摩、拔掉一颗松动的牙齿、跳进冰水里冬泳。[3]

自虐式的愉悦很难理解,它似乎是一段特定经历中痛苦和愉悦的融合。最重要的是,自虐并不指人为了获得其中的愉悦而去体验痛苦。相反,自虐是人针对同一个对象或环境而产生的愉悦感和痛苦感共存的状态。克莱因认为,痛苦本身就有能让人感到愉悦的特性,其根源在于,这种痛苦会把人推向其承受力的边缘。因此,在痛感轻微或容易忍受(如手指隐隐作痛)的情况下,不会出现能同时感到愉悦和痛苦的自虐状态。

那么,我们能从自虐的角度审视哀伤的痛苦吗?如果可以,我们也许能消解哀伤的悖论。我在上一章已经论证,哀伤是自我

---

1 Aristotle, *Rhetoric*, 1378a.

2 Hume, "Of Tragedy".

3 Colin Klein, "The Penumbral Theory of Masochistic Pleasure," *Review of Philosophy and Psychology* 5 (2014): 41–55.

认知的一个特别的来源，倘若哀伤是自虐的痛苦，那么无论它是否能带来有益的自我认知，其心理痛苦都会因为痛苦而有害，同时因为给哀伤者带来自虐的快乐而有益。倘若这是事实，就没有悖论可言：自虐的痛苦不完全有害——事实上，它也是愉悦的——因此，不应当逃避或为之感到遗憾。

有人认为，哀伤的某些特征使其痛苦并不会直接有害于哀伤者。我们将在本章第4节和第5节看到我赞同这一看法。但是，我对"哀伤的痛苦属于自虐现象"的观点表示怀疑。

这里存在一个问题：哀伤的强度和持续时间都有很大不同。极度煎熬的哀伤经历（如路易斯在乔伊去世后所经历的哀伤）可能会把人推向情感的边缘，预示着精神将要崩溃等。如果克莱因的观点正确，自虐的愉悦仅限于那些能把我们推向忍耐极限的痛苦的话，那么正在经历特别沉痛的哀伤的人就在经历自虐。但我们在第三章第9节说过，大多数的哀伤经历都没有这么严重和艰难。哀伤的痛苦减弱得往往比我们料想的更快，更彻底。因此，如果哀伤的心理痛苦属于自虐经历的一部分，那么，只有在少数情况下，比如当哀伤在情感上尤其艰难或持续时间长时，这种痛苦才对哀伤者有益。

更为重要的是，我并没有发现有证据显示当哀伤者在经历心理痛苦的同时也在经历某种形式的愉悦。当然，我们在哀伤中经历的有些情感状态是愉悦的：快乐、平和以及我们对逝者的爱。但哀伤中的痛苦——悲伤、忧伤等——并不会和愉悦的感觉共同出现。由此看来，我们不能通过声称"哀伤的痛苦的性质是自虐的，我们在痛苦中享受愉悦"来说明哀伤虽然痛苦，却值得经历。

2. 痛苦和受苦

要表明哀伤的痛苦不能最直接地代表痛苦，第二种方式是提出这样的观点：尽管哀伤能让我们感受到真切的痛苦，但这还称不上是受苦。布雷迪认为，受苦比单纯经历不适感要严重得多。一个人在受苦时肯定渴望终结这种不适感。在布雷迪看来，不是每一种不适感都是人们特别希望它停止的。一个人若长时间饶有兴致地说话，可能会口干舌燥，咽喉轻微疼痛。但如果谈得特别投机，说话者也许并不渴望缓解咽喉之痛。用布雷迪的话来说，在这种情况下，说话者对不愉快的感受并不介意。[1]

如果我们不介意哀伤的痛苦，也许哀伤的悖论就不存在。因为在这种情况下，尽管哀伤的痛苦是真实的，但它并不是我们不愿经历的。用布雷迪的话来说，这些痛苦并没有让我们受苦。于是，无论哀伤为我们提供了什么益处（自我认知等），这些益处都不与哀伤的痛苦存在矛盾关系。这些痛苦对我们来说并不重要，

1　Michael Brady, *Suffering and Virtue* (Oxford: Oxford University Press, 2018), pp. 26–32.

因此也就没有悖论需要消解。

但布雷迪的观点存在的问题是，人们的确会介意哀伤时经历的这些痛苦。[1]（布雷迪本人也承认了这一点。）哀伤经历中的忧伤、痛楚令人日渐憔悴，苦不堪言。事后回忆这些痛苦时，我们或许会认为它们在某些方面是顺应意愿的、值得的。但在承受时，我们不会漠视也不会单纯地去忍耐痛苦。我们实实在在地承受了痛苦。我在第一章说过，哀伤不是一种情感状态，而是由情感驱动的长期的关注过程，我们关注自己与逝者关系的丧失。这一事实说明，我们会积极地关注自己痛苦的源头。这种关注与"我们不介意哀伤的痛苦"这一观点并不一致。

3. 痛苦是一种代价

前面两节旨在通过否认与哀伤相关的心理痛苦能最直接地代表痛苦，会直接有害于哀伤者，从而消解哀伤的悖论。另一种消解悖论的途径，是按"表面价值"承受哀伤的痛苦，并认可这种痛苦是为了享受哀伤的益处所必须付出的代价。在这种情况下，哀伤的痛苦只是表面上看起来痛苦。但是，如果哀伤最终能实现某种益处（当然，我认为重要的益处是深刻的自我认知），那么

---

1 Brady, *Suffering and Virtue*, p. 17.

有时为此而承受痛苦至少是值得的。为了获取同等的或更大的益处而承担代价谈不上悖论，例如，为了预防一种传染病而接种疫苗。打针可能会疼痛，但患病显然比打针更痛苦。因此，为预防疾病而承受打针的疼痛是理性的代价。

然而，上述策略也不够完美。一方面，当我们为了获取某种益处而需要付出代价时，我们应当理性地选择将代价最小化。倘若获取某种益处所需的代价本可以比"已经付出"的代价小，我们就有理由为付出过大的代价而感到遗憾。但是，代价的最小化似乎不适用于哀伤。直观来看，哀伤的痛苦程度和哀伤者获得的益处之间并不存在线性关系。在其他因素完全相同的情况下，心理痛苦更强烈（即"代价更大"）的哀伤经历对哀伤者来说未必更有害；同样，心理痛苦较轻的哀伤经历也未必更有益。部分原因是，我们在哀伤过程中感受到的痛苦反映了我们与不同的人之间的关系，关系的程度，逝者对我们的重要程度，等等。我们在第二章和第三章中提到，哀伤是对世界的事实的反应。而就"痛苦的价值"来说，哀伤对事实的反应也许正确，也许不正确。如果痛苦在类型和强度上与哀伤的对象（即我们因逝者的死亡而丧失的关系）相符，这种哀伤对我们就是有益的（我们会在第五章做进一步探讨）。在任何情况下，哀伤经历中感受到的痛苦程度都不是判断这段经历本身对受苦人有益还是有害的指标，连粗略的指标也算不上。

因此，如果通过将痛苦视为代价可以消解哀伤的悖论，那么，哀伤者希望将痛苦最小化便是合理的。可事实并非如此。而且，这种想法说明最佳的哀伤经历就如默尔索的经历一般，其中完全没有痛苦。当然，倘若心理痛苦是哀伤经历的核心，那么"没有痛苦的哀伤"可能根本就不是哀伤，但人们不太可能因避免哀伤所特有的痛苦而受益。乔利摩尔认为，帮助他人"避免"哀伤在道德上是令人反感的（见第三章）。该观点说明，哀伤的痛苦是有价值的，因此，没有痛苦的哀伤对我们没有益处。谢利·卡根（Shelly Kagan）说道：

> 可以肯定的是，你一开始就不愿意失去所爱的人。但既然已经失去，任何哀伤你都不愿意经历，这可能吗？显然不可能。你意识到所爱的人已溘然长逝，此时，你若对事实漠不关心，也根本无法让自己好受多少。相反，至爱之人的离世带给你痛苦，这痛苦似乎才能让你好受一些。[1]

4. 被痛苦吸引

前面三种策略通过说明哀伤中的痛苦无害或其害处不足以产

---

1 "An Introduction to Ill-Being," in M. Timmons (ed.), *Oxford Studies in Normative Ethics*, vol. 4 (Oxford: Oxford University Press, 2014), p. 267.

生哀伤的悖论来试图消解哀伤的悖论。在这些策略中，哀伤的痛苦要么与愉悦混合（如自虐）；要么没有上升到受苦的程度；要么被视作情感代价，这让我们在以获得益处为参照时，至少会认为承受痛苦是值得的。然而，每一种策略都没有成功消解哀伤的悖论。

这是因为，这些策略都有一个缺点。它们依据的假设是：哀伤的痛苦让人感觉糟糕，因此哀伤者厌恶痛苦，觉得它是有害的。但是，这一观点不符合"哀伤者会被痛苦吸引"的事实。

基督教哲学家圣奥古斯丁对人的情感进行了细致入微的观察。他在《忏悔录》里描述了他童年的亲密好友的离世带给他的情感冲击。他详细描述了哀伤中常见的迷失感。他对自己为何会如此悲伤十分不解。"我难以理解我自己，"他写道，"我无休止地叩问自己的灵魂：我为何如此痛苦？为何这件事让我的心如此疼痛？可我的灵魂不知道如何答复我。"[1]和杰克·路易斯的状况极其相似，哀伤弥漫在奥古斯丁的一切生活体验之中，他的所见所行皆被"笼罩在黑暗里"。

> 我的心被笼罩在哀伤的黑暗里。我的双眼只看得见死

---

1 St. Augustine, *Confessions*, F. Sheed, trans., Michael P. Foley, ed. (Indianapolis, IN: Hackett, 2006), 4.4.59. [Original composition AD 397–400.]

亡！我的家乡是一座囚牢，我的家里满是诡谲的不幸。如今没有了他，再去做从前我们一起做过的事情就成了彻头彻尾的折磨。

奥古斯丁认为自己的不幸是"诡谲的"，毫无疑问，他极度悲伤，头脑混乱。从前和朋友一起参与活动是欢喜愉悦的；如今朋友一瞑不视，再做同样的事便会忆起过往，陷入肝肠寸断的哀伤。

友人的死亡给奥古斯丁带来折磨，他逃避引起回忆的事情以逃避随之而来的痛苦，这似乎才是自然的。然而，他不仅没有逃避，反而在那些能引发他痛苦的场景中寻觅：

> 我的眼睛焦灼不安地到处寻他，可总也寻不到他。哪儿都没有他，为此我憎恨一切场所……我只有眼泪是喜悦的，因为在我洋溢着爱的内心深处，眼泪取代了朋友曾占据的位置。[1]

奥古斯丁在引发痛苦的场景中寻觅时"焦灼不安"；在造访和朋友经常光顾的地方时，又不禁潸然泪下，仅能在眼泪中找到"喜悦"。

杰克·路易斯也是如此。"起初，我很害怕重游那些妻子和我

---

1 St. Augustine, *Confessions*, 4.4.59–60.

共度美好时光的地方——我们喜爱的那间酒吧，我们常去的那片树林。"但是，他"还是决定立刻故地重游——就像一个飞行员在坠机后又立刻接到了新的飞行任务"。然而令他惊讶的是，这些地方与其他地方"并无差别"，乔伊的缺席"在这些地方并不比其他地方更令他睹物思人"。[1]

狄迪恩在丈夫约翰离世后也经历了奥古斯丁和杰克·路易斯所遭遇的迷失感。哀伤使她身心失常，她甚至担心哀伤会让自己变得癫狂、精神错乱。"我想止住眼泪，好让自己理智地行动。"她说道。[2]但是，狄迪恩也希望约翰能像魔法一样回到她的生活里，与她有所交流。

哀伤者在痛苦中获得了某些可取的东西，他们也许不希望痛苦结束，因为这会让他们感到遗憾。孩子在悲惨的事故中夭折，母亲必然极度痛苦，但她或许不愿这痛苦消失。[3]

哀伤者常常不会抗拒哀伤的痛苦，这让我们在消解哀伤的悖论时的努力变得更为复杂。事实上，哀伤者常常会积极地追寻那些他们认为有可能引发痛苦的生活经历，他们甚至害怕自己无法

---

1 Lewis, *A Grief Observed*, p. 5.

2 Didion, *Year of Magical Thinking*, p. 52.

3 Antti Kauppinen, "The World According to Suffering," in Michael Brady, David Bain, and Jennifer Corns (eds.), *The Philosophy of Suffering* (London: Routledge, 2019), pp. 2–20.

经历这些痛苦。这种心理倾向从表面上看似乎是不理性的，对这样的痛苦产生欲求显得很病态，像是一种内疚或忏悔性质的自我折磨。但是，这些欲求不能简单地解释为不理性。举个例子：哀伤者并不是不知道"寻找"逝者可能会让自己痛苦。诚然，路易斯也希望通过重回自己和乔伊相处过的熟悉的地方，来更加清晰地认识她的离去。可是，在渴望与逝者保持这种痛苦联系的过程中，哀伤者要不断地让自己保持头脑清醒，并展示其脆弱的内心。我们也不应该认为这种行为就表明了哀伤者意志薄弱，认为他们悖逆了良好的判断能力才会选择与逝者"纠缠"。事实上，他们知道自己在做什么，目的是做自己认为痛苦的事，因为他们似乎深信这种与逝者的痛苦纠缠能够给自己带来一些益处。正如当代的一些哲学家所说的那样，他们假借有益的目的来行动。[1]

哀伤者常常会渴望痛苦，这让我们进一步怀疑本章第1节至第3节提到的策略。这种行为并不带有自虐的明显症状。奥古斯丁、路易斯和狄迪恩在积极面对逝者时并没有获得什么愉悦。尽管哀伤者渴望这种痛苦，但至少在痛苦发生时他们没有表现出不介意，没有忽视它的存在。孩子在事故中失去生命，母亲在痛苦中无法自拔；奥古斯丁和路易斯在熟悉的场所没有"找到"他们

---

1 Joseph Raz, "On the Guise of the Good," in Sergio Tenenbaum (ed.), *Desire, Practical Reason, and the Good* (Oxford: Oxford University Press, 2010).

为之哀伤的人，因而极度焦虑不安。他们在哀伤中受苦，也没有把哀伤的痛苦视为代价。对哀伤者来说，这些痛苦和接种疫苗时的痛苦并不相同。如果疫苗接种可以转化成无痛接种，疼痛也就不复存在了；疫苗接种中的痛苦是纯粹的代价，其本身不是人所追求的，人们是为了获取免疫这一更大的益处而"忍受"痛苦。然而，哀伤中的痛苦对哀伤者来说并非纯粹的代价。哀伤者的痛苦是真切的，但是，他们在痛苦中感知到了可取的东西。

哀伤的痛与苦是无法掩饰的，它们以多种形式折磨着哀伤者。既然如此，哀伤者又为何会理性地渴望痛苦并有意识地去承受？很明显，哀伤者被痛苦所吸引，这背后的深层原因又是什么？幸运的是，假如我们能有效地回答这些问题，便可让消解哀伤的悖论的努力更进一步。

5. 痛苦是对自我认知的投资

我在第二章和第三章论证过，我们在哀伤过程中经历的各种情感体现出我们和逝者关系的各个方面，这种关系的丧失和改变便是哀伤的对象。因此，我们在哀伤中感到的悲伤、忧伤和痛苦向我们证明了逝者对我们的重要性。

这就在哀伤的痛苦与自我认知间建立了因果关系。我始终认为，自我认知是哀伤特别的益处。痛苦与我们在哀伤中经历的愤怒、焦虑、喜悦等情感一样有助于自我认知的实现。但需要注意的是，这种因果关系比纯粹的代价与由代价产生的益处之间的关系更为紧密。我们接受疫苗接种带来的痛苦并不是因为是痛苦促成了免疫。免疫并不是因为痛苦，而是因为接种刺激了免疫系统。因此，只要无痛接种的代价更低，它便会是人们所想要的。然而，痛苦对哀伤的益处来说却是不可或缺的。痛苦是我们获得自我认知的途径的一部分，而不是促成自我认知的因果机制的一个偶然的副产品。

我认为，丧亲者在哀伤中渴望痛苦是因为无论他们的想法多么不成熟，他们都领会到了这些痛苦是对哀伤的益处的一种投资。投资即意味着要付出代价，但它还有更深远的含义。投资是忠诚或忠实于某种益处或某个事业。投资某种益处意味着我们不会只把通往益处的途径视为必须背负的代价，抑或为获取所追求的益处而自愿遭受的苦楚。相反，我们还会认为这个途径是有益的，因为痛苦和我们所追求的益处之间有着完整的因果关系。

比如，一位作家花多年时间撰写了一部小说，并获得了享有盛誉的文学奖。写小说以赢得奖项需要付出多年的辛劳，从某种层面上说，这种辛劳确实是纯粹的代价，因为作家多年来牺牲时间和精力，费时费力，代价高昂。然而，这多年的辛劳并非纯粹的代价。写小说而后获奖需要多年辛劳；小说写成后产生了"益处"，即获奖。这件事的整体价值或意义不是可以通过减去多年辛劳的"苦楚"而简单计算的。相反,写完小说并获奖,这改变了辛劳的意义。小说的完成及获奖确认或维护了辛劳的价值或意义,因此也就增强了作家对整个写作过程的满足感。是的,投资"获得了回报"让作家深感喜悦。但是,回报并不仅仅在于辛劳产生了有益的结果,还在于辛劳本身也化为了益处,因为小说能够完成是辛劳起了关键作用。对于作家写作事业的总体价值而言,辛劳不再只是消极的促成因素,它还是积极的促成因素,因为它代表了创作者的投资。作家已经达到了 G. E. 穆尔(G. E. Moore)所说的一种价值状态,即"有机整体"——整体的价值并不等于各个独立部分的价值的总和。[1]在这种情况下,辛劳和整个创作过程的益处保持着密不可分的关系,苦楚或辛劳也随之变成了益处。

哀伤亦如此。无论哀伤者是不是无意的,他们经历的痛苦都代表了对获得自我认知的可能性的投资。哀伤只要能产生有价值的自我认知,"痛苦"就有了回报,会化为益处,而不再是纯粹的代价。我认为,哀伤者常常期待着这样的可能性,并逐渐渴望起哀伤的痛苦,因为痛苦代表哀伤者对哀伤的益处的投资。

可能会有人反对我的观点,反对意见如下:哀伤者只有在清醒地意识到痛苦可以成就更大的益处时才会投入痛苦;但是,可能很少有人能够清醒地意识到自己是为了自我认知这个目标而在

---

1 G. E. Moore, *Principia Ethica* (Cambridge: Cambridge University Press, 1903), p. 27.

尽力，也很少有人能从这些层面理解自己的哀伤过程，或者清醒地意识到自己正在受这一目标的指引——因此，哀伤者并不会以我所认为的那种方式投入痛苦。

请回忆我们在第三章第6节对活动的目的和意图做过的区分。我指出，活动的各个部分均有其特定的目的，从中未必看得见整个活动的更宏大的意图。哀伤活动亦如是：它的各个组成部分（比如本章讨论的生者追寻直面逝者离去的痛苦经历）的目的也同样不需要参考哀伤活动更宏大的意图（获得自我认知）。

此外，我们不应当这样假设：在每一个有意图的人类活动中，人们都知道自己的意图是什么；每一个理性的行动背后都有一个我们已全然领会的理由。阿格尼丝·卡拉尔（Agnes Callard）认为，即使在从事某些可能会使我们的人生发生翻天覆地的变化的活动时——请注意，我说过成功的哀伤活动会在一定程度上改变我们的实践身份——我们也无须事先明确其中的理由。卡拉尔说："即使你没有预先对促使你行动的某种益处做到十分准确的理解，你的行动也是理性的。这一点可以肯定。"[1] 在这种情况下，因为我们预期自己会改变，所以能够理解自己从事这个活动的理由，哪怕是直到活动结束时才理解。哀伤就是这样的。人们在哀伤时

---

1 Agnes Callard, *Aspiration: The Agency of Becoming* (Oxford: Oxford University Press, 2018), p. 72.

预期会存在一种尚未知晓的益处，我们多多少少是凭本能哀伤的。人是社会动物，实践身份也要依赖他人的存在，因此他人的死亡会给我们的情感体系带来"冲击"。哀伤反映了这一冲击，但未必是我们秉持着成熟、清晰且明确的目标而有意要承担的大事。我认为，哀伤者常常无意且极其聪慧地在追寻着自我认知。在不知道哀伤的价值的情况下，我们却凭直觉知晓哀伤是值得的，于是依照直觉行动。因此，哀伤者只是朦胧地懂得哀伤的益处，假借益处来完成哀伤的活动。当然，随着哀伤活动的进行，我们也许会"发现"或意识到自己的意图。综合这些方面看，哀伤似乎为塔尔博特·布鲁尔（Talbot Brewer）的"辩证的活动"的概念提供了一个鲜活的实例。布鲁尔认为，辩证的活动具有一种"自我揭示的特征"。[1]我们起初隐约意识到了某种活动的意图或价值，便参与其中；然后我们的参与逐渐揭示出该活动的意图或价值，并使其清晰化。因此，我们是通过参与活动从而对活动的意图拥有更全面的领悟，而不是（像我们通常以为的那样）在开始活动时就对意图成竹在胸。哀伤活动的价值可能要在哀伤过程中才会显明，有时甚至要等到活动结束的时候。但在我看来，我们能够意识到这一活动蕴含着某种尚未显明的益处，就足以解释为何哀伤者明知要经历痛苦却仍渴望痛苦并投入其中了——因为他们意识

1　Talbot Brewer, *The Retrieval of Ethics* (Oxford: Oxford University Press, 2009), p. 37.

到痛苦可以让自己接触到某个更大的益处，无论这种意识有多么朦胧。

有时，人们对自己的行动意图的理解只是模糊的，这一事实说明，意图和清楚的认知之间常常有一定距离。就哀伤来说，在我们进入"准哀伤"（quasi-grief）状态时，这种距离最远。在对他人的死亡作出反应时，如果我们表现出哀伤的一个或多个现象特征（如悲伤），但并没有把注意力集中在哀伤的对象（即我们与逝者关系的彻底改变）上，那就是"准哀伤"。哀伤时，注意力在其他对象上或者根本没有对象，就会产生准哀伤状态。哀伤时没有对象的情况可能会发生在那些通过转移注意力或不承认死亡而压抑哀伤的人群身上；而哀伤时注意力在其他对象上的情况，则可能出现在哀伤初期的强烈痛苦的阶段——他人死亡的事实让哀伤者情感迷失，且程度异常严重，甚至无法看清哀伤的对象。在准哀伤状态下，哀伤的反应由哀伤的对象引起，但哀伤者无法完全看见对象。这种可能性听起来很是怪异，但十分正常。人们对某一具体对象产生的情感可能会模仿对另一具体对象产生的情感。在情感狂飙的爆发阶段，我们的自我理解可能对这种迷失尤为敏感，因此，哀伤实际上会经历这样一个阶段：我们对哀伤对象的识别迟疑、缓慢且不完整。

此外，我们也可以用有些不一样的术语来解释准哀伤。有时我们可能沉浸于生活叙事中，而几乎没有意识到当下叙事的状态。

许多伟大的讽刺剧作家都描绘过这样的现象：沉浸于叙事中的主人公并不会总带着自我意识去领悟驱动叙事或赋予叙事以意义的力量，即使这些力量源自他们的内在状态。伊凡·伊里奇[1]起初无法意识到为何自己的因循守旧反而会导致他最终独自面对死亡。《广告狂人》（*Mad Men*）中的唐·德雷柏无论如何也无法知道，自己无休止的堕落荒淫竟能在被父母遗弃的事实中找到解释。同样，那些处于准哀伤状态中的人们也无法辨识自己在生活故事中究竟处于何种位置。

6. 哀伤背景下的痛苦的"益处"

我们常常无法意识到自己对自我认知的投入，不过这并不影响我的观点：哀伤者渴望哀伤的痛苦，将自己对痛苦的投入视为获取自我认知这一益处的途径。

针对该观点的另一种反对意见如下：就算痛苦对实现自我认知这一益处至关重要，哀伤者渴望痛苦或投入痛苦的行为未免还是显得缺乏理性了。正如我所承认的，尽管这些痛苦是哀伤者想要的，但它们依然是痛苦，依然会让人感到不适。我们需要痛苦这个手段来实现自我认知，但不应因此被说服去渴望痛苦或者认为痛苦是应

1　托尔斯泰心理分析小说《伊凡·伊里奇之死》的主人公。——编者注

该去追求的。痛苦让人感到不适，我们顶多可以把这些痛苦视为实现自我认知这一益处而付出的代价——也许是必须的、不可或缺的代价，但依然是代价。投入到痛苦中，就是把某种目的的令人渴望之处不合逻辑地转变为通向目的的必要途径的令人渴望之处。这一反对意见声称，这样做就等于沉迷于哀伤的痛苦，即仅仅因为痛苦能够让我们获取有益的或渴望之物，就将其错误地归类为有益的或应该去追求的。

我对这种反对意见的回应是，只有当我们假定承受痛苦时的背景——即哀伤这一活动——与人们对这些痛苦的渴望毫无关系时，反对意见才成立。然而，人们经历痛苦时的背景对如何经历或评价这些痛苦来说至关重要。[1]

举个例子，长跑等较辛苦的运动会让人们产生身体上的痛苦。长跑会带来高度的疲惫感、气喘和肌肉疼痛。这种不适感对于长跑新手而言更难以忍受。但是，当他们经过训练后变得愈加健壮时，就会培养出对长跑的欣赏能力，引发欣赏与不适感之间的格式塔转换（gestalt switch）。不适感依旧令人不适，但它们不再是不跑步（或停止跑步）的理由；相反，不适感逐渐融入跑步者对跑步活动及其价值的理解。如果痛苦是价值的重要组成部分，它也就能够被视为去跑步的理由。反之，当疼痛感与跑步不相关时，

---

[1] Klein, "The Penumbral Theory of Masochistic Pleasure."

跑步者肯定要避开这样的不适感。比如，由搬家具引起的疼痛感在感觉上和由跑步引起的疼痛感类似。在跑步者看来，因搬家具而导致的疼痛感是完全有害的，其代价应该可以最小化或完全避开，只要家具移动了就行了；但跑步另当别论。诚然，再有经验的跑步者也不会希望长跑要尽可能地引发痛苦，但也不会希望它没有痛苦。消除跑步的痛苦，就意味着消除跑步的许多益处。因此，至少在跑步这个背景下，跑步带来的痛苦是跑步者所追求的。跑步者常常坚信，"没有痛苦就没有收获"，这并不是因为痛苦是其追求益处所付出的代价；相反，痛苦是他认为有益的活动中一个不可或缺的因素。[1]

这个例子说明，无论是身体上的还是情感上的痛苦，我们都不能仅从痛苦的内在本质或感受方式来简单推断痛苦是有害的或是不应该追求的。有关痛苦的态度或活动发生的大背景能够定义痛苦或评估其价值，[2]这也是为什么尽管有些活动让人痛苦不已，参与者却依然能从中寻觅到价值。爱吃辣椒的人和选择自然生产、不使用止痛药的产妇都是在理性地选择痛苦，他们渴望痛苦是因为他们相信，在其所处的大背景里痛苦是有价值的，

---

1 我对这个例子做过进一步的阐释，详见我的论文："Finding the Good in Grief: What Augustine Knew That Meursault Could Not"。

2 Adam Swenson, "Pain's Evils," *Utilitas* 21 (2009): 197–216.

是值得的。[1]整体的特性并不适用于组成部分，反之亦然。哀伤过程的一个重要组成部分就是它的痛苦。尽管从哀伤这个背景之外来看，哀伤的痛苦是有害的；但在哀伤经历的整体之内，痛苦可以变成有益的、值得追求的。哀伤者在期待获得某种益处时会理性地渴望痛苦或让痛苦持续，而他不必明确地说出这种益处究竟是什么。

综上来看，在哀伤这一有益的活动所构成的背景下，痛苦也是有益的。奥古斯丁、路易斯和狄迪恩在追寻逝者时是渴望痛苦的，那么，要如何说明他们对这种痛苦的渴望是理性的呢？要知道，即使他们无法拿出证据为这一问题提供令人满意的解释，他们的行为也不是非理性的；人们在做出"假如哀伤的痛苦完全消失，有时会对我们更有害"的结论时也不是非理性的。所以，断言"哀伤的痛苦是值得追求的，同时也会带来痛楚"，既没有把目的的益处和途径的益处混为一谈，也没有不合逻辑地把哀伤目的的益处转变为通往目的的必要途径的益处。哀伤的痛苦是获得自我认知的途径，但痛苦的益处是从哀伤活动本身中借来的，因为哀伤活动默认的意图就是实现自我认知。由此看来，在哀伤中所

---

1 另外，这些人也许不知道那个更大的活动有何价值。怀孕的妇女对生产的痛苦产生渴望时，她对生产这个痛苦、"自然"的过程所具有的价值也许只有朦胧的了解。

受的苦楚不仅对我们无害，反而可能会让我们的人生更有意义。[1]

7. 结论

让我们最后回忆一下为消解哀伤的悖论所做的尝试：哀伤事实上是有价值的，因为它为我们提供了一个获得自我认知的特别的机会。此外，尽管哀伤的痛苦是真实的，但我们不应当把这些痛苦单纯地视作为了获得自我认知这一益处而付出的代价。相反，在哀伤活动这个背景下，痛苦可以是有益的，是值得我们追求的，因为痛苦代表了哀伤者在哀伤活动中对自我认知的投资，尽管我们未必能意识到。因此，我们有理由为拥有哀伤的机会而感恩，我们不应因为哀伤让人在情感上受苦而去逃避它。

需要注意的是，我是从哲学的角度尝试消解哀伤的悖论的，旨在说明从理论上看，我们在哀伤中经受的情感的苦楚并不与哀伤的价值相矛盾。但是，这种消解并不代表任何一段特定的哀伤经历对哀伤者来说都是有益或值得的。总的来说，哀伤有益还是有害，需依情况而定。但我们能够从哀伤活动中看到：哀伤有时有益，有时有害。我不认为有特别具有说服力的理由让人相信哀伤必定且一直对我们有益（或有害）。

1　Jollimore, "Meaningless Happiness and Meaningful Suffering."

此外，本章还清楚地阐明，在具体的情况下哀伤必须满足哪些条件才能对我们有益。首先，如果哀伤不会产生自我认知，对我们就没有益处（至少它没有给予人们它能够给予的特别的益处）。在这种情况下，哀伤是对我们有害的——除非它产生了除自我认知以外的其他益处，不然就没有益处可以弥补哀伤者在情感上所受的苦楚。在这种情况下，痛苦就沦为了没有收益的代价。其次，即使哀伤产生了自我认知，可与情感上所受的苦相比，它所产生的自我认知也可能显得很肤浅、很渺小。当我在说"哀伤的特别益处是自我认知"时，我并没有声称"自我认知非常重要，且其重要程度甚至能够让哀伤中最艰难的阶段和最大的精神创伤都相形见绌"。

　　本章在消解哀伤的悖论时，还涉及了与哀伤相关的最大的伦理问题：哀伤的价值。但是，与哀伤有关的另外两个伦理问题依然存在：一个是，哀伤是否（以及什么时候）是理性的？另一个是，人是否有哀伤的道德义务？这将是下面两章要探讨的主题。

第五章

哀伤过程中的理性

到目前为止，本书的一个中心主题是哀伤的有条件的乐观主义（qualified optimism）。哀伤的痛苦是真实的。但是，当他人的死亡破坏了我们的实践身份之后，我们会试图为自己塑造新的实践身份，于是投入哀伤这一复杂的情感活动里。哀伤给予人们一个特殊的机会：它激发了自我认知并使之成为可能，同时让人们知道自我认知本身是有价值的，在创造更加幸福的生活方面起着重要作用。只要我们获得自我认知，我们在哀伤中经历的痛苦就是有益的。它值得承受，甚至值得去追求。当然，并不是每一个哀伤的事例对哀伤者来说都是有益的，但哀伤的益处足以让我们能无所畏惧地接纳它。

本章要探讨的问题是：哀伤是否是理性的，以及怎样的哀伤是理性的。我们的探讨会继续在有条件的乐观主义的脉络中进行。我将会解释一段哀伤经历要满足什么条件才能构成理性的哀伤，并得出结论：哀伤在有些条件下是理性的。换言之，哀伤可以是理性的，但不绝对是理性的。

　　从某种程度上说，本章探究的纯粹是哲学问题。哲学家历来崇尚理性，哲学的绝大多数内容也都在探讨和确认人们的想法和态度中哪些是理性的。但是，"哀伤是否理性"这一问题之所以吸引我们，还有哲学兴趣以外的原因。我们已经看到，我们在哀伤过程中不只经历精神上的痛苦，还有悲伤、内疚、愤怒等其他情感的痛苦。有些痛苦源自我们哀伤时深感自己无法掌控这个世界和自身。比如，杰克·路易斯在哀伤时感到与这个世界疏离，意识不到自己变成了什么样的人。但如果说，就连路易斯这样的不堪忍受的哀伤经历都包含理性的因素，那么，能认识到这样的事实对我们而言就应该是莫大的安慰了。我们并不是绝对理性的动物，但是我们的确又是理性的。因此，如果哀伤能够反映出我们的理性而不是危及我们的理性，那么，无论哀伤如何让人迷失或痛苦，它都不是攻破我们心理防线的外来侵略者。相反，它用具体的事例证明了人的一个方面——人的理性，我们重视理性，在理解哀伤经历时我们也可以依赖它。倘若哀伤是理性的，它应当能赋予我们极大的信心，让我们相信即使无法逃避哀伤或控制哀伤的过程，我们依然能够朝着有益于自己的方向管理哀伤。

　　在当事人的认知或心态失常（如产生妄想）的情况下，哀伤是非理性的。我们在第七章会继续这个话题，并探讨哀伤在通常或特定情况下是否应当被归为精神疾病。本章的任务是研究有关哀伤理性的其他挑战。首先关注一下与我的主张（哀伤在有些条件下是理性的）相抗衡的两个观点。第一个：哀伤是与理性无关的，它是不接受理性评价的一种状态或状况。该观点认为，询问一个人的哀伤是否理性相当于询问打喷嚏或打嗝是否理性，无法用"是"或"不是"来回答，只能说这个问题愚蠢、荒谬。第二个：哀伤必然是非理性的，每一段哀伤经历都缺乏理性。该观点认为，哀伤是情绪化的精神疾病。自然，我找到了足够的理由来反驳这两个观点，并可以为我的主张辩护。[1]我认为，在一段哀伤经历中，只要哀伤者的态度和情感能够准确地体现哀伤的对象（即被改变的哀伤者和逝者的关系），哀伤就是理性的。因此，一段理性的哀伤经历可以从质性（从哀伤者的态度或情感来看）和分量（从这些态度或情感的强度及持续的时长来看）的视角准确评估出哀伤者和逝者的关系及其意义。

此外，哀伤也为理性带来了其他障碍。即使哀伤本身是理性的，哀伤之人也很难替濒死或已离世之人做出理性的决定，本章结尾将对这一点进行探讨。

---

1 从逻辑上看，还有一种可能的观点，即哀伤必然是理性的。但我认为不存在支撑该观点的理由，所以暂且将其搁置。

1. 缺乏理性的哀伤

我们来看个例子。安娜和比阿特丽斯为哥哥康纳的去世而哀伤，她们和康纳的关系是相似的。在我看来，对这两个人来说，康纳的去世必然改变了她们与他的关系。康纳在两人的实践身份中占据着相似的位置，且对两人的重要性也大致相同。两姐妹的心智都很健全，对康纳的死亡也都没有不理性的理解（她们真的相信哥哥已经去世）。但她们的哀伤却有差异：安娜的哀伤十分强烈；而比阿特丽斯的哀伤则是默尔索式的——沉默，柔和，几乎让人难以察觉。

当我们知道安娜和比阿特丽斯与康纳的关系是相似的，就会期待她们的哀伤方式也相似，我们尤其认为比阿特丽斯应该会像安娜那样哀伤。但从理性的角度来解释她们哀伤方式的差异——安娜对康纳离世的反应是理性的，而比阿特丽斯是不理性的——的做法公平吗？

斯蒂芬·威尔金森（Stephen Wilkinson）认为，安娜和比阿特丽斯在哀伤方式上的差异并不是理性的差异。[1]无论我们对比阿特丽斯无声的哀伤有何担忧，我们都没有理由控诉她"缺乏理性"。

1　Stephen Wilkinson, "Is 'Normal Grief' a Mental Disorder?" *Philosophical Quarterly* 50 (2000): 297.

有人可能会认为，比阿特丽斯压抑自己的哀伤是品格不良的表现，这对她本人也不健康，还会令安娜等其他为康纳的离世而哀伤的亲人感到不快，她的无动于衷令人遗憾。但是，在威尔金森看来，我们不应该将比阿特丽斯的哀伤反应认定为"未达到足够的理性"。他认为，这个事例向我们表明的并不是比阿特丽斯的哀伤（或缺乏哀伤）是非理性的，而是她的哀伤（或缺乏哀伤）"在本质上和理性无关"，根本无法从理性的角度去适当地评估。可如果这个说法是正确的，那么我们也不应当把安娜的强烈哀伤视为理性的，而应当也视其为与理性无关。因为从威尔金森的视角看，安娜对康纳离世产生的反应并不比阿特丽斯的更理性，哀伤的反应根本就不接受理性评价标准的评估。

本书前几章得出的结论可能会让你推断出，我应该不认可威尔金森对安娜和比阿特丽斯二人哀伤差异的直觉认识。的确，我认为比阿特丽斯的反应是非理性的；但是，驳斥"哀伤和理性无关"的论点不必只依靠其他人可能并不具备的直觉认识。我认为，我们有更深层的理由怀疑"哀伤和理性无关"的观点。

第一个理由是，威尔金森混淆了两件事之间的重要区别，这二者分别为：（1）哀伤经历是理性的；（2）他人通过比阿特丽斯的反应断言哀伤经历是理性的，或将哀伤者视为非理性的。在威尔金森看来，人们不愿意批评比阿特丽斯的非理性——一个人"不哀伤，但不应当因为缺乏理性而受到批评"，批评比阿特丽斯并说她的哀伤是非理性的，这是错误的且适得其反的。在这一点上，我认同威尔金森的看法。我们常常会站在正义的立场之上判断他人应该做什么，因为毕竟我们不需要去做我们认为他人应当做的事。因此，对比阿特丽斯哀伤的方式加以批评就是不礼貌的，武断、唐突的。认为比阿特丽斯是非理性的，这种做法不合时宜，然而这一事实并不说明她的哀伤活动不是非理性的。由此看来，比阿特丽斯沉默的哀伤很可能是非理性的，只是人们不应当因为这一点批评她。

第二个理由是，威尔金森没有清楚地说明哀伤的定义。我的定义是：哀伤是由情感驱动的关注过程，关注的对象是我们与逝者关系的改变，因为我们一直把自己的实践身份投入在离世的人身上。假如我是正确的，那这个定义就有助于说明为何我们可以把比阿特丽斯的反应视为非理性的（或者把安娜的反应视为理性的）。倘若比阿特丽斯对康纳死亡的理解基本正确，而且把实践身份投入在康纳身上，却因为把注意力有意或无意地放在了别处而无法对康纳的死产生哀伤之情，那么，她可能正在经历我前面提到的准哀伤。[1]康纳的死让比阿特丽斯引发了沉默的哀伤，但她哀伤的反应并不是她与康纳的关系因其离世已经改变或将要改变的结果，比阿特丽斯当时还没有意识到自己与康纳的关系必须更新了。为什么比阿特丽斯只是处于准哀伤状态？这个问题有许多答

1　见第四章第5节。

案。比如，比阿特丽斯可能属于心理学家所说的"回避型"依恋人格，具有这种人格的人对自己与他人的亲密关系没有把握，他们既渴望独立，又因为要担负责任而感到焦虑，他们在哀伤中也会形成"回避型"模式，在面对亲人离世时会主动避开一切能引起回忆的事物。"回避型"哀伤比其他模式的哀伤发生的时间更迟，持续时间更久。[1]但是，只要回避体现的是注意力的转移，它就还是一种哀伤反应。根据我对哀伤实质的理解，这种哀伤反应可以被视作一次理性的失败。这种失败并不指比阿特丽斯对康纳以及与康纳离世有关的事实持有错误的看法；相反，它在于没有集中心理官能在这些事实上，从而无法在情感上完全投入。将这种沉默或注意力的不集中称为非理性听起来可能有些奇怪，但如果理性指的是对一些既定事实持有正确的态度，那么非理性的一种体现就是不关注那些事实。[2]在比阿特丽斯的案例中，她的非理性就

---

1 Hyu Jung Huh et al., "Attachment Styles, Grief Responses, and the Moderating Role of Coping Strategies in Parents Bereaved by the Sewol Ferry Accident," *European Journal of Psychotraumatology* 8 (2018). DOI:10.1080/20008198.2018.1424446.

2 常见的类似情形就是与恐惧症有关的现象。恐惧症患者对某些现象存有非理性的恐惧，但是这些恐惧的情感未必源于他们对这些现象有非理性或错误的看法（如害怕蜘蛛的人未必对蜘蛛的危险性有错误的认知）。"脱敏"，或让恐惧症患者不断接触这些现象可以有效地治疗恐惧症，通过重新训练恐惧症患者注意力模式中的"偏向"，最终让恐惧不再发生。见 J. N. Vrijsen, P. Fleurkens, W. Nieuwboer, & M. Rinck, "Attentional Bias to Moving Spiders in Spider Fearful Individuals," *Journal of Anxiety Disorders* 23 (2009): 541–45。

是没能够把康纳的离世及其对自己实践身份的影响纳入情感关注的范围以逐渐适应亲人的离世。

威尔金森的关于"哀伤和理性无关"的论断是另一个哲学理论的例证，这一哲学理论认为"情感过于粗糙，无法捕捉到哀伤中千丝万缕的差别"。哀伤是积极的、由情感驱动的关注过程，因此，其理性（或缺乏理性）与否将取决于哀伤在多大程度上评估了至爱之人的离世对哀伤者而言应该具有的意义。

2. 必然的非理性：渴望逝者依然活着

上一节的论证让我们有理由相信，哀伤的反应并非和理性无关，它可以用"理性"或"非理性"来评价；但该结论尚不能证明"哀伤必然是非理性的"这一观点的不合理性。

唐纳德·古斯塔夫森（Donald Gustafson）认为，哀伤必然会表现出"策略性"非理性，并为此作了论证。[1]他解释说，当一个人的态度内在不连贯时，便会导致与态度不相符的选择或行动出现，这就是"策略性"非理性。古斯塔夫森论证说，哀伤必然涉及哀伤者的信念和渴望之间的冲突：

1　Donald Gustafson, "Grief," *Nous* 23 (1989): 457–79.

N的死亡引发S的哀伤。S知道且相信N已死亡。N去世后，S产生失落、痛苦以及愤怒等情感。关键的是，S渴望N的去世不是真的……请注意，S相信的和S渴望的并不一致。也就是说，一个能动者同时具有互不兼容的信念和渴望。只要所信的是真的，渴望就不可满足；或者说，渴望的满足需要他所信的是假的。[1]

　　古斯塔夫森可能会说，杰克·路易斯的哀伤经历体现了一种非理性。一方面，路易斯相信自己的妻子乔伊已经去世；但另一方面，他渴望乔伊还活着。只有路易斯的信念是错误的，他的渴望才能实现。他相信乔伊已死，然而只有他所信的是虚假的，乔伊才能活着。这样就产生了信念和渴望的不一致。古斯塔夫森说，正是这种冲突解释了哀伤的痛苦。哀伤者无法满足让逝者还活着的这一强烈的渴望，于是感受到了无助。在古斯塔夫森看来，人们哀伤是因为逝者的死亡让自己不能再有效地行动从而追求目的。我们哀伤"就是因为什么也做不了！"[2]

　　古斯塔夫森的论证成功地确定了在某些情况下哀伤呈非理性的一种方式。如果一个人既相信逝者已死但又渴望他还活着，这

1　Gustafson, "Grief," p. 466.

2　Gustafson, "Grief," p. 469.

的确就是非理性的。古斯塔夫森的论证说明，哀伤必然是非理性的。然而，我们应当严肃质疑该观点。[1]

首先，一个人的态度表现出策略性理性——用古斯塔夫森的话说，它不会妨碍他实现自己愿望的能力——可能是"一个人的态度是理性的"的必要条件。但是，策略性理性显然不足以让人的态度理性：当我们考虑到哀伤者如何能够"治愈"自己的策略性非理性（这是古斯塔夫森所认为的哀伤者具有的非理性）时，这一点便显而易见。我们知道，哀伤者具有两个互相矛盾的态度：

（1）渴望逝者N还活着。

（2）相信N已死。

古斯塔夫森认为，如果哀伤者能够改变这些态度，冲突就会消失，策略性非理性会随之消解，哀伤中的痛苦也会消除。其中一个方法就是放弃第一个态度，设法消除"N还活着"这一渴望。但是，另一种方法同样有效，那就是放弃第二个态度，放弃"N

---

1 我曾撰文对古斯塔夫森的观点做了更彻底的批评，详见 "Grief's Rationality, Backward and Forward," *Philosophy and Phenomenological Research* 94 (2017): 255–72。

已死"的信念。假设我们让哀伤者服下一种药，可以让他们产生错觉——引发哀伤的那个人事实上还活着，那么依据古斯塔夫森的观点，这种错觉必然代表哀伤者理性的进步，因为他们的态度不再表现出策略性非理性了。至少从他们的错觉来看，"N还活着"这个渴望已经得到了满足！然而，我们很难得出"策略性非理性的进步就是理性的进步"的结论。通常情况下，持有错误的信念并不能使我们更理性。在使哀伤理性的因素中，策略性理性顶多是其中的一部分。构成哀伤的所有态度相互契合也并不足以使哀伤理性——它们还必须符合相关的事实。

其次，虽然古斯塔夫森提出的一些具体的信念或渴望能够在某些哀伤者身上看到，但还有很多例外。杰克·路易斯就是这样的一个例外。我们在第二章第9节特别提到，那些相信有来生的人会哀伤，但他们并不具有古斯塔夫森所认为的信念。杰克·路易斯是一个虔诚热忱的基督徒，他可能相信乔伊虽然已不在人世，但并没有死去，而是以某种重生的意识形式存在于来生。如果有人问路易斯"乔伊依然存在吗？"，他肯定会回答"是的"。当然，杰克对来生的信念可能是错误的。但是，既然杰克有自己的信仰体系，依照古斯塔夫森的理论，杰克应当不会哀伤的，因为假如他渴望乔伊依然存在，这种渴望事实上已经得到了满足。

因此我们可以怀疑，是否所有哀伤者都有古斯塔夫森认为会有的那种信念；我们或许还可以怀疑，是否所有哀伤者都有古斯塔夫森认为会有的那种渴望。所有哀伤者都渴望逝者还活着吗？这里的一个困难是，这种渴望可以有不同的形式。其中的一个形式，即渴望逝者为逝者自己而活着。但是，我们在第二章第6节看到，即使当哀伤者相信死亡对逝者是一种益处时（在多数情况下指的是用药物加速的死亡），哀伤也是符合逻辑的情感反应。另一种形式是哀伤者为了自己渴望逝者还活着。但是，我们在第二章第7节看到，当自己痛恨的人离世，或是令自己失望甚至伤害过自己的人离世时，我们也会产生哀伤之情。在这种情况下，哀伤者为了自己可能并不渴望逝者还活着。

最后，古斯塔夫森对哀伤经历以及导致心理痛苦的因素所做的诊断也是值得怀疑的。哀伤者无法实现逝者还活着的渴望，于是古斯塔夫森把哀伤视为无助的状态。然而，这样归类似乎是不合理的。在古斯塔夫森看来，我们在哀伤中悲伤是因为我们被现实困境所束缚，无法达到渴望的状态。当然，哀伤也包括沮丧的情感，但我们在追求渴望之物的过程中受阻时所遭受的沮丧的情感更像是愤怒，而不是悲伤。古斯塔夫森遗漏了痛苦和损失之间的联系。我们可能渴望逝者活着，但是我们的痛苦更多源自他们已经离世以及离世对我们产生的影响。我已经论证过，逝者的离世产生的重要影响是对我们的实践身份造成的影响。然而，即使我对重要的损失所作的描述最终被证明是错的，古斯塔夫森对哀伤中引起痛苦的因素所作的描述也依然不准确。[1]

综上所述，我们有理由认为，哀伤可能是理性的，因为它看起来既没有与理性无关，又并不一定是非理性的。那么，究竟是什么特征促成了理性的哀伤呢？

3. 在哀伤中回顾过去

哀伤的理性并不像古斯塔夫森所说的那样是策略性的，而是回顾性的。我所说的回顾性的主要衡量依据是，哀伤在多大程度上能对哀伤的对象产生准确的反应。也就是说，如果一段哀伤经历中的各种情感和态度准确地反映了生者与逝者的关系遭受损失的严重程度，这段哀伤经历就是理性的。

为了理解这个观点，我们来比较一下哀伤与一些不太复杂的情感状态。

依然以我们对烟味的恐惧为例。是什么让恐惧变得理性？闻到烟味通常意味着火的存在，恐惧让我们了解并感知到了生命安全及财产安全将遭受威胁。我们了解烟与火的关系，闻到烟味后

---

[1] 有学者对古斯塔夫森的观点做过批判性研究，在某种程度上对此持赞同的立场，与我的观点不同。见 Carolyn Price, "The Rationality of Grief," *Inquiry* 53 (2010): 20–40。

产生恐惧这一理性的反应，都依赖于各种与火有关的信念（火是一种威胁，"有烟的地方必有火"）和能力（识别烟味的能力）。当这些信念和能力就位时，恐惧就是对事实产生的理性反应。从这一方面来说，这样的恐惧在质性上是理性的，因为我们闻到烟味后产生的恐惧与引发烟味的威胁之间有稳定的关系。恐惧的理性也有分量维度。我们的恐惧会理性地跟踪威胁的强度和迫切性。例如，微弱的烟味应当引起关注，值得进一步排查；特别强烈的呛人的烟味应当激发报警意识，使我们产生"逃生或救火"的反应。恐惧如同哀伤，让当事人关注引发恐惧的事件。恐惧促使我们搜集更多的信息，来确认（或否认）我们最初的反应是理性的。假如我们发现烟是从邻居家户外野餐的场所飘过来的，我们的恐惧就理性地消散了。但是，倘若烟是从自家厨房烤炉的位置飘出来的，我们的恐惧意识就会理性地迅速提升。[1]

同样的分析也适用于其他较"积极的"情感，比如喜悦。当某一事件极大地促进了我们的幸福或改善了我们的关切之事时，我们的喜悦之情便油然而生。喜悦之理性和恐惧之理性一样，都需要妥当的心理背景。我们与朋友相聚时体会到喜悦，这取决于我们有能力认识到对方是朋友，并深信与对方是朋友关系，预期

---

1 这个例子也说明，一种类型的（嗅觉的）证据会促使我们寻找其他类型的（如视觉的）证据。

对方也会和我们一样喜悦。如果这些信念有一个无法立足，喜悦在质性上就是非理性的，因为我们缺少了喜悦的理由。喜悦和哀伤相似，它们都对情感对象的细节敏感。我们因总统逝世而哀伤，这种哀伤与兄弟姐妹逝世时的哀伤截然不同；同理，喜悦也因人因事而具有不同的色彩。做完一笔收益丰厚的生意，我们十分高兴；孩子在颁奖典礼上得到实至名归的认可，我们欣喜若狂。然而，前一种喜悦和后一种在质性上是不同的。因此，我们也会用不同的仪式来庆祝这些令人喜悦的事件。做完生意，我们会抽雪茄，饮美酒；颁奖典礼结束后，我们会吃冰淇淋，彼此拥抱。由此看来，喜悦和恐惧一样，其理性具有质性上的维度，根基在于它以某种方式反映了（或不会反映）某个对象对于我们的重要意义。喜悦也有分量维度，如某个事件给人带来的喜悦程度可能极小，可能极大，也可能不大也不小。

上述对恐惧之理性、喜悦之理性所做的分析承认，恐惧和喜悦会产生渴望或行动，而这些渴望或行动可能会体现出策略性理性或策略性非理性（用古斯塔夫森的术语）。但是，这些分析强调，情感之理性在整体上取决于情感本身如何对引发情感的事实做出恰如其分的反应，而不是顺从情感反应以形成何种态度（信念、渴望等）。情感的理性是回顾性的，一种情感是否具有理性，取决于这种情感如何反映激发它的对象对我们的重要意义。

我认为，哀伤也是这样的。只要（而且因为）哀伤符合激发哀伤的事实对我们产生的意义，哀伤就是理性的。哀伤的对象关乎生者和逝者之间的关系，因此，同一个人面对不同的人离世，哀伤的方式会有所不同；两个人面对同一个人离世，哀伤的方式也有所差异。因此，就理性的哀伤经历而言，没有一个放之四海而皆准的模板。但是，哀伤和恐惧、喜悦等情感一样，它的理性遵循同样的粗略的规律：情感应当在质性和分量上与情感的对象相符。

就哀伤来说，对情感之理性的描述因哀伤本身的复杂性而变得复杂。我们在前面已经知道，哀伤比恐惧或喜悦更复杂，更具多重性，它包含了悲伤、焦虑、内疚、愤怒等情感。哀伤者往往还会经历一定程度的迷茫，和其他情感状态相比，哀伤更容易让人感到困惑并经常性地质问。严格来说，一段特定的哀伤经历若要称得上是理性的，需要满足的条件比理性的恐惧、理性的喜悦所需的条件更复杂。现在，我们来详细地解释一下，理性的哀伤经历是如何展开的。

首先，我们把哀伤定性为一种情感关注，一个不断向前推进的过程，哀伤者在这个过程中投入精神力量来关注自己和逝者关系的改变。哀伤经历非理性的一个表现（事实上也是影响最为深远的一种表现），是哀伤者一开始根本没有关注自己与逝者关系的丧失，而是持回避的态度。库伯勒–罗斯的哀伤阶段模型中的第一阶段是"否认"，虽然该模型从总体上看是不正确的，但"否认"的确可能会发生——一个人把自己的实践身份投入在另一个人身上，在知道后者已经死亡后，却有意或无意地把注意力转移到其他地方，回避或压抑自己即将出现的哀伤。[1]至亲离开人世后，人们的反应可能是拼命工作，或者用酒精或药物来麻醉自己的负面情感。在这种情况下，哀伤的非理性并不是源于哀伤的特征，而是源于哀伤者阻碍自己本应感受的哀伤这一事实。

但是，假如人们关注他人死亡引起的关系的改变，其关注就会使所需的情感"赶上来"，去准确、恰当地体现这种已改变的关系。有时，哀伤会根据状况的改变促使我们重建实践身份，但如果哀伤活动无法准确地体现我们与逝者之间已改变的关系，我们就无法在这个关系的基础上重建未来的实践身份。因他人的死亡而改变的关系有何意义？哀伤是其关键的证据来源。哀伤者的情感反映了与逝者的关系对于自身的重要意义，倘若一段哀伤经历排斥这些情感，那么它也排斥了与建立实践身份这个更大工程有关的、反映生者和逝者的关系根本改变的证据。我在第二章曾说明，哀伤经历往往反映或体现哀伤者和逝者的关系。因此，以尚未消解的冲突为特征的双方关系，会引发一段包含愤怒或怨恨等情感在内的哀伤经历；若哀伤者在逝者生前做了对不起他的事，尚未得到原谅，那么这样的关系会引发一段包含内疚情感在内的哀伤经历。如此看来，一段理性的哀伤经历必然包含能够体现双

---

1 我称这种状态为"准哀伤"。

方关系对生者之重要意义的所有情感。哀伤经历若排斥这些情感，那么它就不仅可能会被压抑或推迟，它与哀伤的对象在质性上也不相符。

哀伤经历在质性上的非理性还有一个不甚常见的方式，那就是哀伤阶段包含的情感并不会体现生者和逝者关系的丧失。内疚，尤其是"幸存者内疚"这种内疚，是哀伤者常常经历的强烈情感。从理性上看，哀伤者也许不应该经历这种内疚。例如，有些哀伤的人相信，如果自己对逝者更加尽心尽力，他们本可以拯救其免于一死，或者他们本可以让逝者死亡时没有那么痛苦（比如少一些疼痛）。当然，在有些情况下的确如此；然而我们有理由认为，幸存者内疚是非理性的。举个例子，士兵会以不必要的艰苦方式为自己战友的死亡而哀伤，因为他们错误地认为，是自己的懦弱、无能或不负责任而非战争的残暴厄运导致了战友的牺牲。[1]这种内疚可以理解，或者值得歌颂，因为它强调了哀伤者与牺牲的战友之间团结的精神；然而，将战友的死亡视为自己的过错而在哀伤过程中深感内疚，这种情感是不理性的，因为它歪曲了生者与逝者关系中核心事件的关键事实。

---

1 Nancy Sherman, "The Moral Logic of Survivor Guilt," *New York Times*, Opinionator, July 3, 2011, https://opinionator.blogs.nytimes.com/2011/07/03/war-and-the-moral-logic-of-survivor-guilt/, accessed March 21, 2020.

最初，哀伤经历中出现的情感在质性上可能看似理性，但仔细审查后会发现并非如此。在哀伤活动中，哀伤者可能会研究或审查自己的情感反应，这（鉴于哀伤的对象）相当于研究或审查自己与逝者的关系。这样的行为可能会让哀伤者再次猜测，甚至否认哀伤经历中的情感，并认为这种情感毫无道理。例如，一个人会重新考虑自己对逝者产生的愤怒的情感是否合理。他回忆自己过去和逝者的交往，有些事件的确令他愤怒，但是依然有其他的事情会抵消他的怒气。他可能会回忆起自己离家上大学时父母对他的不重视，但是又记起当时父母正承担着医疗或经济的压力。因此，他意识到当时父母表现出的不重视是有原因的，他的怒气可能因此缓和。另外一种可能性是，他在哀伤过程中错误地判断了自己的愤怒。他可能并不是因为父母的行为愤怒，而仅仅是因为自己父母突然死亡这一天大的灾祸而愤怒。这个例子说明，哀伤是一个释放情感、发掘信息的动态过程。因此，它的理性会随着时间的推移而增强。

所以，只有当一段哀伤经历包含且只包含所有反映生者与逝者关系的整体性的情感，哀伤经历在质性上才是理性的。构成哀伤的情感和其他类型的情感一样，在分量上也必须与情感对象相符。如果哀伤者经历愤怒是理性的，那么，这种愤怒也应当反映引发愤怒的错误行为的轻重程度。轻微的侮慢在理性上应当引起温和的愠怒，而严重的不公正在理性上应当报之以极大的愤怒，甚至是暴怒。同样，对于焦虑、悲伤以及哀伤中其他典型的情感，其中的理性不仅取决于当事人是否应当感受这类情感，还取决于我们感受这类情感的程度。

因此，哀伤最基本的理性源自它回应的对象，而不是源自回应对象时所持有的态度。当构成哀伤活动的行为在质性和分量上与哀伤的对象相符时，哀伤就是理性的。理性的哀伤经历可以精确地评估生者与逝者的关系及其重要意义。

4. 为濒死之人做决定：临终的选择

我在本章已经尽力说明，哀伤至少在有些时候是对哀伤对象的理性反应。我如果自信地说我们的哀伤通常是理性的，那将是愚蠢的。然而，我希望"哀伤在有些条件下是理性的"这一结论不仅正确，而且会给人们带来宽慰。哀伤的感觉，似崩溃，似迷茫，但它依然可能是一个人对遭受的损失产生的理性反应——这应当让我们获得些许安慰，因为这说明了哀伤是我们理性自我的反应，而非对理性自我的威胁。

然而，哀伤有几个方面可能会促使我们做出非理性的选择。本节和下一节将说明做出这种非理性选择的两种情况，但从某种意义上说，这些非理性选择又和我们前面讨论过的截然不同。哀伤者通常必须做一些与濒死之人或逝者有关的选择，然而他们自己也正在经历身份危机，无法找到自己与已故至亲之间的边界。因此，他们做出的决定从理性上看本应反映逝者的利益或立场，可事实上，这些选择反映的却是生者的利益或立场。即使我们的哀伤反应符合我在前一节里描述的方式，是理性的，我们依然会做出只对我们有利的选择。哀伤遏制了人们无私地从逝者角度看问题的能力，因此，哀伤也就削弱了我们替逝者做选择的心理能力。

第一种情况是，哀伤可能会影响我们为濒死之人做医疗选择。有的人罹患慢性病（如癌症），于是经历了走向死亡的漫长过程。癌症，加上越来越普遍的阿尔茨海默病，让越来越多的濒死之人在不同的人生时段无力为自己做出医疗选择。他们有时甚至没有这样的意识。在某些情况下，他们可能无法理解与自己的医疗状况有关的信息，或者没有能力表达其情感和判断。当濒死的病人缺乏这样的能力时，为他们的医疗问题做决定的权力几乎总会落在一个替代者或代理人身上。这个替代者由病人选择，或由法律指定。在绝大多数情况下，替代者可能和濒死之人有着牢固的情感纽带：他们可以是配偶、父母、子女、兄弟姐妹。

到目前为止，本书都把因他人死亡所经历的哀伤视为哀伤的范例。然而，若我们把实践身份投入在某个人身上，我们在预期这个人即将死亡时也会哀伤。这种预期性哀伤看似很怪异，但它仅仅反映了人类预测未来并在此基础上形成情感反应的能力。圣诞节的清晨，孩子们满心欢喜雀跃，因为他们一直憧憬着美味佳肴、精美的礼物和快乐的氛围；某场考试如果极具挑战性，考生在考前就会焦虑。我们在事件发生之前经历了各样的情感，而这些事件就是我们的情感对象。这说明，不管什么时候情感都依赖我们的态度，即使态度针对的是未来的事件或事实。[1]

为病人做医疗决定的替代者会因为双方的特殊关系而对其产生强烈的情感依恋。我们在第一章第3节讲过，依恋是对某个人产生的浓厚的情感联系，会渴望与对方亲近，与其分离后会感到痛苦，而对方在场就有安全感，并深信对方是独一无二、无可替代的。代替病人做决定的人常常会感觉自己的情感状态是复杂的，他们很可能深深地依恋对方，但知道对方即将死亡会让他们感到痛苦和焦虑，没有安全感。然而，他们的责任是为濒死之人做决定。与此同时，他们很可能正在经历预期性哀伤。

如果这种混乱又强烈的情感状态不会影响替代者履行做决策的职责，那将着实令人吃惊。毕竟，作为替代者，所做的医疗决定应当符合一定的标准，就算情感波动不大，也很难满足这个标准。在世界大多数地区，替代者都不应当根据自己的价值观、喜好或目的来为病人做医疗决定。相反，他们所做的决定应当与病人在具备能力时会做的决定相一致，这就需要运用最佳的判断力。因此，他们要做的是替代判断——运用自己对病人的了解做出病

1　当然，我们的有些情感（比如懊悔、感恩等）关注的是过去的事件。

人在健全时会做的选择。这个标准的逻辑依据是：在通常情况下，病人有权为自己做医疗上的决定；但是，当他们失去这个能力时，尊重病人自主权的最佳方式就是让替代者来代替病人做出原本要做的决定，而这个替代者必须认真负责且了解病人的详细情况。

替代者与病人关系亲密，在情感上依恋病人。我们据此可以预期替代者有能力达到替代判断的标准。毕竟，病人和其配偶、子女、父母共同生活的时间长，他们最了解病人，谁能比他们更适合按照病人的意愿做选择呢？

而让人意想不到的是，替代者常常不能达到替代判断的标准，有时甚至会出现明显的失误。某项大型的元研究发现，无论替代者与病人（父母、配偶等）的关系如何亲密，他们对病人医疗偏好的了解都不及主治医生。事实上，他们达到替代判断标准的概率仅比随机选择的高出一点。[1]其他研究也发现，有些替代者有时会依赖过去和病人交谈所得的信息为病人做出替代决策，但很多替代者都承认，为病人做决策时基本很少考虑病人的偏好或价值观等因素；相反，替代者做选择时依据的是自己与病人共同的生活经历、对病人的偏好或价值观的"内感觉"（inner sense）、自己

---

1 David I. Shalowitz, Elizabeth Garrett-Mayer, and David Wendler, "The Accuracy of Surrogate Decision Makers: A Systematic Review," *Archives of Internal Medicine* 166 (2006): 493–97.

（而不是病人）的宗教信仰或自己遇到类似情况会做的决定。[1]病人最亲近的人会了解他的价值观和偏好，但他们往往不会选择病人可能会选择的医疗方式。

通常，替代者了解且依恋病人，我们自然会相信他们会为病人做出可靠的选择，但为什么替代者却并不能胜任呢？毫无疑问，一个原因就是精神压力。[2]这种压力来自替代者在预期性哀伤的过程中所面对的冲突，即为病人做他本来会做的选择的特权，与自身因依恋病人而获得的益处之间的冲突。替代者在预期性哀伤的过程中至少会默认所依恋之人将离开人世，因此他们的依恋也会终结（或至少会改变），而失去这种依恋关系——一种原本提供了似乎不可替代的安全感和陪伴的关系——是令人惧怕的前景。许多替代者都可能会选择继续治疗，以延长自己对病人的依恋，尽管他们深信所做的选择就是濒死的病人也会做的选择。替代决策偏离病人的偏好和价值观的方式往往具有一定的规律，且可以预测。例如，在病人最后的日子里，替代者在医疗选择上会更容

---

1 Elizabeth K. Vig et al., "Beyond Substituted Judgment: How Surrogates Navigate End-of-Life Decision-Making," *Journal of the American Geriatrics Society* 54 (2006): 1688–93, and Jenna Fritsch et al., "Making Decisions for Hospitalized Older Adults: Ethical Factors Considered by Family Surrogates," *Journal of Clinical Ethics* 24 (2013): 125–34.

2 D. Wendler and A. Rid, "Systematic Review: The Effect on Surrogates of Making Treatment Decisions for Others," *Annals of Internal Medicine* 154 (2011): 336–46.

易犯错，所选方案也往往比病人可能选择的更具挑战性。我们可以得知，替代者选择的疗程常常是自己喜欢的，他们或许也认为自己和病人的偏好是完全一致的。如果替代者的选择可以反映他们渴望维持的与濒死病人的依恋关系，那么这样的选择是可以理解的。毕竟，替代者将自己的偏好视为病人的偏好，是为了保持与病人关系的统一感或存在感，以消除或减少双方逐渐加大的心理差距。

我曾经描述过，哀伤意味着哀伤者与逝者的关系出现了危机，前者在后者离世后会尝试建立新的实践身份。替代者预测病人即将死亡，哀伤之情油然而生，这是尝试建立新的实践身份的最初阶段。有些替代者尚未从心理上做好准备，不知道在失去与濒死病人的依恋关系后该如何生活，因此在为病人选择治疗方法时会试图让依恋关系能够继续，哪怕只是象征意义上的继续。替代者这么做完全可以理解，他们在竭尽全力地应对与逝者的关系的骤变。

处于预期性哀伤时期的替代者需要公正无私地照顾病人，但他为病人做出的选择，很可能会因为其在情感上对维持与濒死的病人的依恋关系的过多关注而偏离替代判断的标准。由此看来，替代者的心理会被影响，我们可以合理地认为他是"非理性的"：他的注意力超出了作为替代者应当判断的标准范围（即所有与病人本来的意愿有关的事实），而转向了因依恋关系而获得益处这一事实。因此，最终影响他的选择的主要因素是获得依恋的益处。

替代者和病人的关系就这样成了一把双刃剑：对病人的熟悉或与之的亲密关系，既让一个人有资格成为替代者，又阻碍了他替代病人做出理性的选择。[1]

最关键的是，这种非理性可能与哀伤具有的其他形式的理性共存，甚至会受后者影响。替代者确实有可能选择病人本不会选择的治疗方案，因为他所经历的哀伤的理性——用本章第3节的术语来说——是回顾性的。替代者的恐惧或痛苦能准确地反映他与濒死之人的关系和亲密程度，因为感到恐惧和痛苦，所以替代者可能会选择努力延长病人的生命以延缓或终止这种恐惧。因此，替代者无法好好地履行替代选择这一责任，因为他的哀伤活动是在对与他和逝者的关系有关的事实做出反应。这种可能性说明，人的理性是多方面的，它脆弱，且容易被破坏。

5. 为逝者做决定：丧葬的选择

考验人们理性决策能力的另一个挑战常常出现在因某人死亡而引发哀伤之后。通常，人们会在自己的遗嘱里详细交代有关葬

---

1 我曾撰文全面讨论了该观点，详见 "Grief and End-of-Life Medical Decision Making", in J. Davis (ed.), *Ethics at the End of Life: New Issues and Arguments* (New York: Routledge, 2017), pp. 201–17。

礼和遗体的决定，这就不会导致很多丧葬的重要决定需要由死者的亲属来做。然而，还有许多人并不会留下明确的遗嘱，他们的遗愿是模糊的或不完整的，在这种情况下，亲属就需要为逝者做出与其有关的决定。

为逝者的丧葬事宜做决定和为临终的病人选择医疗方案一样，复杂且有压力。这些决定涉及葬礼的性质和承办人，涉及遗体是火葬、土葬还是捐赠用于科学研究，还涉及棺椁、鲜花、音乐、酒席、讣告、新闻报道、装备与服饰，以及与遗体处理相关的法律程序，等等。同时，做选择时还必须考虑成本（在美国，葬礼的平均花费大约是1万美元）。亲属通常都是在混乱的情感中为逝者准备丧葬的，和替代者为病人做医疗选择时是一样的。

而身份危机使这些选择变得更加复杂。首先，哀伤者被要求"做逝者原本会做的事"，因此其所做的选择也要符合替代判断的标准。但是，和替代者为病人做医疗决定一样，逝者的愿望会被哀伤者的哀伤经历"过滤"——在哀伤经历中，生者正在重新建立与逝者的关系。自杰茜卡·米特福德（Jessica Mitford）在20世纪60年代揭露殡葬业的真实面目[1]以来，殡葬业的道德水准无疑得到了很大的提升，但行业内常见的经营策略还是可能会利用哀伤者的感性，因为他们会将所做的选择视为与逝者重新建立关

1　Jessica Mitford, *American Way of Death* (New York: Simon & Schuster, 1963).

系的机会。作家、丧葬承办人凯莱布·怀尔德（Caleb Wilde）曾说，"让哀伤者感到内疚"是该行业的一个普遍的经营策略。他引用了行业常见的话术，比如，"我肯定他是最好的父亲"，"儿子在世时你也许没有能够让他获得最好的生活，但他去世后你却把最好的都给了他"。[1] 如果哀伤者认为在逝者生前亏待了他（她），这样的话术可能更容易让他们为了证明自己深爱逝者、逝者对自己至关重要而选择昂贵或华丽的殡葬仪式。怀尔德特别指出，哀伤者渴望逝者能够被保护，不再遭受伤害或痛苦，丧葬承办人也可能利用哀伤者的这一渴望让他们产生不切实际的期望："如果你买了这块墓地，你的丈夫会得到保护，永永远远。"有时，哀伤者会将丧葬仪式视作可以彰显消费能力的行为，他们害怕办得太寒酸而选择挥金如土，他们也会利用丧葬仪式在更大的群体中提升逝者的地位。[2]

在所有这些情况下，哀伤者都容易把某种选择视为自己与逝者关系之内的行为，以为在做出选择的那一刻，自己也正在调整、重新思考这种关系。哀伤者可能为葬礼及遗体处理付出超过自己

1　Caleb Wilde, "Five Ways Funeral Directors Can Bully Their Customers," *Confessions of a Funeral Director*, February 7, 2015, https://www.calebwilde.com/2015/02/five-ways-funeral-directors-can-bully-their-customers/, accessed March 24, 2020.

2　当然，我没有否认有些哀伤者所做的丧葬选择只是单纯地反映对逝者发自内心的尊重。详见 Janet McCracken, "Falsely, Sanely, Shallowly: Reflections on the Special Character of Grief," *International Journal of Applied Philosophy* 19 (2005): 147.

能力的花费；然而，这些选择如果不可能达到以关系为基础的目的，就是非理性的。昂贵的骨灰瓮不能使负疚的哀伤者得到宽恕；鲜花如海的豪华葬礼无法把爱传递给逝者；任何棺椁都敌不过时间的蹂躏。做决定时以为这些决定是生者与逝者关系的象征，可是，这只能给予生者短暂的慰藉，在很大程度上无济于事。这些选择几乎无法实现哀伤者希望实现的目的，因此是非理性的。

此外，这些决定是哀伤者在自我欺骗、无意识、令人费解的状态里做出的，因而也是非理性的。哀伤者因为"妈妈可能想要这样的葬礼"而选择豪华葬礼，事实上可能是在向妈妈表达自己平时因为距离遥远而缺乏陪伴的愧疚，或是想让更多人知道一个遭到边缘化或忽视的女性有多么重要。哀伤者这么做时，错误地理解了行为背后的原因。他表面的动机，无论多么令人羡慕，都无法与他更深层次的动机相匹配。这也是一种非理性，因为深思熟虑后的理性决策应当能够反映决策背后的终极原因。然而，哀伤者所做的与逝者有关的决定，其依据并不能反映他们真正的动机。

与替代濒死之人做出医疗决定的人一样，为逝者做决定或者做出与逝者有关的决定的哀伤者，也很容易做出模糊自己的益处和逝者的益处这两者之间界限的决策。这种界限的模糊可以理解，甚至可以宽恕。因为无论面对濒死之人还是已离世的人，哀伤者的哀伤活动都可能是理性的，因为他们的态度和行动反映了他们与逝者关系的重要性，也反映了他们为了将自己与逝者的新关系融入自己的实践身份而付出的努力。他们需要实践另外一种理性——为濒死之人或逝者做决定，然而，哀伤具有的回顾性理性可能削弱这种理性，于是，哀伤者面临新的困难和挑战。

6. 结论

在我看来，哀伤属于理性评价的范围。和威尔金森、古斯塔夫森的看法不同，我认为哀伤有理性和非理性之分。但当我们说哀伤非理性时，并不是因为它其中包含相互矛盾的态度或渴望。归根结底，非理性的哀伤在质性或分量上无法与哀伤对象相符，也就是说，它无法准确、全面地体现哀伤者与逝者生前的关系。然而，即使哀伤因能够准确、全面地体现这种关系而被认为是理性的，也需要经受因替代逝者做决定或与之有关的决策而产生的其他重大挑战。

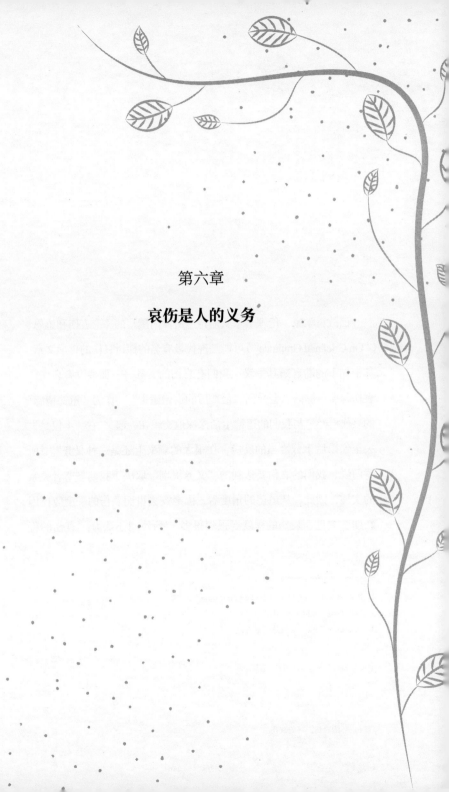

第六章

哀伤是人的义务

已故哲学家、伦理学家罗伯特·所罗门撰写的《论哀伤和感恩》（"On Grief and Gratitude"）可能是现代最有名的探讨哀伤的哲学文章。其中如下的断言颇具争议：我们有哀伤的义务——那些没有哀伤或哀伤程度不够的人会受到"最严厉的道德谴责"。[1] 作为"道德情感"的哀伤已经"与我们的道德生活深深地交织在一起"，它"不仅是失去至亲以后十分恰当的反应，在很大的意义上还是一种义务"。[2] 所罗门说，我们的哀伤要达到的"义务级别"取决于我们与逝者关系的实质，因此，从道德的角度看，因老友去世而哀伤的程度应比因新朋友去世而哀伤的程度要强烈很多。[3] 所罗门还认为："哀伤的程

1　Robert Solomon, "On Grief and Gratitude," p. 78.
2　"On Grief and Gratitude," p. 75.
3　"On Grief and Gratitude," p. 81.

度能够有力地证明一个人的为人，以及他对逝者在意的程度。"[1]

从社会事实的角度看，所罗门可能是对的，加缪的《局外人》的主人公默尔索可为其例证。通常，很多人会认为那些不会哀伤的人有道德缺陷，甚至像怪物。所罗门的文章对哀伤的伦理实质提出了深刻的见解，但他并没有为"哀伤是人的义务"提供清晰的论证。哀伤是被社会许可的，是美德，甚至对哀伤者有益，但这并不能说明哀伤是义务。没有哀伤或者哀伤程度不够就应该羞耻或内疚，或被怀疑存在欺骗、违背承诺、伤害或其他道德瑕疵，这种说法也远不能成立。[2]因此，对"哀伤是一种道德义务"的感受有可能是错误的，我们应当警惕。所罗门称，"社会的要求与人们对哀伤是义务的感受以及哀伤本身的感受息息相关"，[3]因此，即使我们本没有哀伤的义务，或许文化的熏陶也会让我们相信自己有这种义务。综上，"哀伤是一种道德义务"的论点缺乏有力的论据，因此相信它是道德义务就有可能是错误的。

本章的任务是为"哀伤是一种道德义务"的论点提供基本的论据。我认为，若要有效地论证这一点，就必须完成如下两个哲学任务。

---

1 "On Grief and Gratitude," p. 86.

2 "On Grief and Gratitude," pp. 97–98.

3 "On Grief and Gratitude," p. 98.

第一个任务是确认哀伤的道德对象，即我们向谁尽哀伤的义务。在本章第1节和第2节我们会提到，逝者或是除当事人以外的生者都不可能是哀伤义务的对象——对于他们，我们可能有哀悼的义务，但并没有参与哀伤活动的义务。因此，哀伤义务的道德对象便令人吃惊，他是哀伤者自己。

第二个任务是确认哀伤义务的道德基础。根据第三章的结论，我认为哀伤义务的道德基础是人对追求自我认知或自我理解（即认可或理性地赞同自己的选择和行动所依赖的实践身份）的义务。哀伤是一个极富成效的实现自我认知的机会，这使哀伤作为义务尤为重要。因此，哀伤是我们对自己应尽的义务，因为在哀伤过程中，我们作为理性的能动者能更好地理解自己在追求益处时的所作所为。因此，哀伤使我们的实践生活变得更加透明。

1. 为了逝者及他人尽哀伤的义务

所罗门有充分的理由认为，哀伤是"非常具体"的，它与"一个人遭受的严重损失"息息相关。我们已经知道，哀伤是对持续存在于实践身份中的人的离世，或存在的方式与往日不再相同的一种反应。

我在第二章提到，哀伤是随着时间逐渐发展的复杂的活动，各种情感渗透在选择或行动中。"是否存在哀伤的义务"的问题，也就是"是否存在参与这种复杂活动的义务"的问题（或者说，是否有义务以某种特别的方式或带有特别的动机来参与这种复杂的活动）。这说明，它要比所罗门所说的对哀伤是义务的"感受"更丰富、更复杂。

首先，我们可以假定每一个道德义务都有一个对象：任何道德义务的履行都以某个（某些）人为导向。我们通常能够明确地说出义务的对象，如我们的姐妹、某个朋友、受某个行为伤害的群体等。另外也有一些时候，我们无法准确地说明对象。我们可能对某个中了彩票的人有义务，也可能对未来几代人有应尽的义务，但我们无法确切地说明这些义务的对象具体是谁。每一种道德义务都有其对象，我认为这个说法相对不存在争议。[1] 接下来我们要考虑的是最有可能成为哀伤义务对象的候选人。

其中一个可能的义务对象是其他活着的人，也就是那些和我们一样为同一个逝者而哀伤的人。我们为其所尽的义务是有关慈善或友情的，我们安抚、抚慰或从情感上支持其他的哀伤者，这看起来是合理的。在这些情况下，我们也为逝者而哀伤，但我们

---

1 当然，并不是说完全没有争议。结果论者认为，道德价值应该由其结果的价值来判断。因此，他们可能认为单一的、基本的道德义务（通过我们的选择或行动实现最佳效果）是存在的，只要义务的对象是具体的个体。这就是一个依情况而定的事实，你对S或T（或其他人）"应尽"义务，只是"尽义务会实现最佳效果"的一个符合逻辑的结果。

的义务可能具有人际交互的、趋同的特征。父母去世，兄弟姐妹之间可能会互相尽哀伤的义务；共事的人去世，同事之间互相尽哀伤的义务；艺术家去世，有爱的粉丝们可能互相尽哀伤的义务；等等。这种"共同哀伤"的义务可能基于的是与团结、团体构建、关系维护有关的责任。

将哀伤义务视作向活着的人应尽的义务的理解，其弊端在于它似乎忽视了哀伤的自我关注的实质。无论我们对他人以及他人的哀伤应尽什么义务，我们都有可能不会去认真地参与哀伤活动从而推卸掉这些义务。因为从某种意义上说，对他人做这些其实是一种"表演"[1]，也就是说我们会以特定的方式去履行义务，以此来彰显社会规训中常见的情感投入或情感关注模式。这些义务可以更明确地被描述为哀悼的义务，也就是和他人一起参加葬礼的义务。从历史上看，哀悼活动一直遵循着严苛的社会和惯例规范。维多利亚时代的社会要求寡妇在一年内远离社交生活，穿黑色素服满两年。如今这种要求早已过时，哀悼的规范也演变得更加微妙，且在文化上颇具多样性。人们一同参与的哀悼仪式常常是哀伤过程的表现，然而，哀悼和哀伤截然不同，因为一个人即使没

---

1 John Danaher, "The Badness of Grief: A Moderate Defence of the Stoic View," *Philosophical Disquisitions* blog, May 2, 2018, https://philosophicaldisquisitions. blogspot.com.au/2018/05/the-badness-of-grief-moderate-defence.html, accessed May 3, 2018.

有参与以自我为中心的哀伤这一情感活动，也依然可以参与哀悼的活动。而且，哀悼和哀伤无须在时长上保持一致，在概念或心理上可能也是分离的。此外，哀悼未必代表哀伤，反之亦然。哀伤和哀悼如此不同，这也说明了为何社会上有人会雇他人替自己或与自己一同哀悼逝者，却无法雇他人替自己为逝者哀伤。哀悼是可以"伪造"的，也就可以外包。哀伤却不能。

请注意，我在这里并不是怀疑哀伤义务的存在。我只是想说，我们认为自己对他人有哀悼的义务，这并不意味着我们真的有哀伤的义务。哀伤是以自我为中心的复杂的情感活动，哀悼涉及的是以他人为中心的行为，二者无法以正当的理由画等号。我们可能对他人有哀悼的义务，但是哀悼的义务不是哀伤的义务，也不意味着我们有哀伤的义务。

哀伤义务的第二个可能的对象是逝者本身。诚然，许多人认为哀伤的对象就是逝者，不哀伤就是对逝者的不敬。我们在第五章第5节探讨过，哀伤者常常以为他们对逝者有所亏欠。当然，"我们有可能亏待过逝者"这种可能性本身就存在争议，我不想在这里解决这个哲学上的争议。[1] 相反，我们可以假定向逝者尽义务

1　我们如何有可能在道德上亏待逝者？近期对这个问题最深入的研究，见 David Boonin, *Dead Wrong: The Ethics of Posthumous Harm* (Oxford: Oxford University Press, 2019)。

是合乎逻辑的可能性，然后考虑哀伤是否就是这些义务中的一个。从这个角度看，我们有两个理由对此表示怀疑。

第一个理由：与"哀伤是向其他活着的人尽义务"的观点一样，"哀伤是向逝者尽义务"的观点也与哀伤的内在或以自我为中心的本质相冲突。哀伤是由他人死亡引发的一种情感活动；哀悼与之形成鲜明对比，它更多的是"向外看"。我们在哀悼他人，也就是在公开引导他人关注逝者时，可能就是在履行对逝者的义务，如让人们纪念他们、提高他们的声誉等。因此，我们可能对逝者是有义务的，履行这些义务需要采取各种行动，比如举办纪念仪式或追思活动。这些行动常常是哀伤活动的组成部分。但如果这些行动是一种义务，那也是向逝者应尽的义务，却依然不是哀伤的义务。

怀疑"哀伤是向逝者尽义务"这一观点的第二个理由，在于这一义务的道德基础让人捉摸不清。一方面，哀伤的义务看似与向逝者应尽的其他常见义务无关。遵从逝者的遗愿，遵守逝者在世时我们向他们许下的诺言，保证维护他们的墓地，我们无须哀伤或以某种特定的方式哀伤便都可以做到这些。另一方面，向逝者尽哀伤的义务很难找到其他的道德基础。即使哀伤程度不够，对逝者也没有明显的伤害，更不会威胁逝者的权利。

需要再次说明的是，我们有哀伤的义务指的是我们有义务参与自我关注的情感活动。我们与逝者的关系不再像逝者生前那样了，他们也不再在我们的实践身份中扮演清晰明确的角色，于是我们在哀伤活动中需要对这一角色加以确认。当然，哀伤可能包含哀悼，而且我们有时候会通过哀悼的方式来哀伤。我们在哀伤的活动中可能会追忆逝者，保护他们的声誉，履行我们向他们许下的诺言。在这种情况下，哀伤的义务可能需要有追思逝者这一义务；但这并不说明我们要向逝者尽哀伤的义务，也并不说明如果不哀伤或者哀伤显得不够就等于我们亏欠了逝者。即便为了论证而接受我们对逝者有义务的事实，哀伤似乎也不在这些义务的范围内。也就是说，我们也许对逝者有间接的义务，这些义务可以通过哀伤来完成；但是，如果说哀伤本身是一种义务，它也不是我们向逝者所尽的直接的义务。

2. 哀伤者向自己尽哀伤的义务

我们接着讨论哀伤义务的最后一个可能的对象：哀伤者本人。就哀伤义务的对象来说，哀伤者本人是最佳候选人。哀伤的义务是自我关心的义务，是对自己所尽的义务。在自我关心的义务中，义务的对象必然与义务的主体完全一致。义务束缚着这一主体，主体如果不尽义务就应当被责备；主体应当向对象履行义务，义务得不到履行，义务的对象就会因此受委屈。当S未能履行自我关心的义务，那么受委屈的自然是S本身。

我的上述观点可能会让你觉得不解。尽管历史上许多杰出的哲学家都认为我们对自己有应当履行的义务，但是当代的思想家却极少有人支持此观点，许多人甚至完全怀疑这些义务的存在——他们相信，道德在根本上是一种人际现象。我们将在第4节回答人们就"对自我的义务"这个概念提出的问题。

有人对"我们向自己履行哀伤的义务"这种可能性表示怀疑：这个假定的义务的内容是什么？这种义务在道德上对我们有什么特别的要求？现在，我们先讨论这些疑问。

我认为，哀伤的义务与哀伤赋予我们的特别的益处（即我们的自我认知，我们认识到因他人去世而重塑的实践身份）息息相关。履行哀伤的义务也就是履行认识实践身份及其组成成分（我们的价值、偏好、核心理念、情感倾向）的义务。哀伤是获得自我认知的良好机会，我们有追求自我认知的义务，因此，哀伤是一种义务。

如果这么理解，哀伤的义务就是道德哲学家所称的"非绝对义务"，即义务的履行方式不是完成特定的行动，而是真诚、持续地投身于某一个特定的目的（在这种情况下，目的就是获得自我认知）。也就是说，哀伤这一义务未必会强行规定我们去做出特定的选择或者付诸某些行动。就好比，人有行善的义务，这也似乎并没有要求我们必须在特定场合为特定的事业捐献一定额度的钱。同理，哀伤这一义务与特定的、孤立的行动或选择的关系甚微，与之关系更密切的是，我们的行动或选择的整体模式是否彰显了我们持续而真诚地投身于实现自我认知这一特别的目的。因此，哀伤这一义务要求我们抓住一些（当然未必是所有的）机会获取哀伤可以赋予我们的自我认识。此外，与这一义务相关的特定的道德要求会因哀伤经历的不同而存在差异。毕竟，我们不断地在说明，哀伤的特征因哀伤者和逝者关系的不同而不同。例如，一个人去世后，他的兄弟姐妹的哀伤之情与他的生意伙伴的哀伤之情不尽相同。接触和获取自我认知的途径在各种哀伤经历中千差万别，因此，哀伤义务（植根于自我认知的义务）在不同的哀伤经历中对我们的要求也不同。

哀伤义务的基础是追求自我认知的义务。然而，这并不意味着只有本着通过哀伤实现自我认知的目的才能履行这一义务。我认为，对成功履行哀伤义务的哀伤者来说，追求自我认知的目的即使能在他们对哀伤及其原因的认识中起到一定的作用，这种作用的效果也甚微。其部分原因在于，当我们哀伤时，哀伤的自我指涉的方面都是在背景中起作用的。我们在第三章第7节说过，哀伤活动大多是针对另外一个人（即逝者）进行的。但是，这掩盖了一个事实：人们对逝者的追思常常是沉默的自我审问。哀伤者找到逝者留下的一张便条，便会扪心自问：这是逝者有意留下的吗？哀伤者发现逝者保存的一张特别的照片，而哀伤者恰好也在这张照片里，也会心生疑问。生者对逝者的行为不解，然而，这种疑惑之下所掩盖的，是自我审问以及对关切之事的思考。因此，哀伤者未必需要在知情或有意的前提下履行自我认知的义务，但这并不影响它是一种义务。

3. 让自己失望：自我认知和自爱

究竟哀伤为何是对自我履行的义务？这个问题依然是一团迷雾。人们会以这种在道德层面上亏待自己的方式哀伤，这背后的原因又是什么？我们的哀伤（或缺乏哀伤）在什么意义上会让我们在道德层面上对自己感到失望？未能实现自我认知真的应当受到道德的指责吗？

要回答这些问题，我们就需要求助于哲学家康德，他给"对自我的义务"下了最完整的定义。康德认为，我们对自身有义务，这源自我们的需求：我们需要尊重我们作为理性行为人的身份，这意味着要保护和培养为了追求人生目的而有效采取行动所需的身心能力。因此，我们对自我的义务包括保护生命安全、维持身体健康、培养技能、不受他人奴役、不谄媚他人。在对我们自己应尽的义务中，康德还加上了"自我认知"这一项，这与我们此处论证的人生目的密切相关。就我所知，康德从未讨论过哀伤。但是，他对自我认知义务的理解可以帮助我们看清自我认知义务与哀伤义务的关系。

康德认为，自我认知在伦理上的重要性有两个方面。第一，它能使我们更好地实现目的；第二，它能使我们更清楚地了解我们的道德品格。康德尤其强调后者，在他看来，自我认知是我们义不容辞的道德义务，对自我道德品格的了解有助于抵制"自爱"，因为自爱往往会让人们以更令人艳羡的道德外衣来包裹自私自利的动机。在康德看来，人们经常在道德上自吹自擂，为道德上不甚光彩的行为找到高尚的理由，从而掩盖真实的（不甚高尚的）的动机。因此，自我认知，尤其是对我们道德品格和动机的认知，是对这种道德合理化倾向的一种抗衡。"了解（审查，探索）你自己"，这是康德提出的要求。你需要在"履行这一义务时"实现"道德上的完美，了解你的内心是善还是恶，你的行为动机是否纯粹"。[1]在康德看来，自我认知是人们保持品格诚实的法宝。

康德对自我认知义务的描述并未提及哀伤的义务，但哀伤的义务可以追溯至他的理论。从根本上说，哀伤产生的自我认知是我们对自身益处，即对构成我们实践身份的各种目的的认知，而不是对实现这些目的的手段或自己道德品格的认知。他人的离世让我们看见自己的实践身份依赖对方的存在，而哀伤让我们有机会重新审视自己的目的。哀伤扰乱甚至颠覆了我们的实践身份，

1　Immanuel Kant, *Metaphysics of Morals*, 6:441.若需进一步了解康德关于"对自我的义务"的论证，可参考 Jens Timmermann, "Kantian Duties to the Self, Explained and Defended," *Philosophy* 81 (2006): 505–30；也可参考我的著作 *Understanding Kant's Ethics* (Cambridge: Cambridge University Press, 2016), pp. 54–60。

让我们在不同程度上对其感到陌生。在最理想的状态下，哀伤会促使我们在他人离世后修复实践身份，从而再次熟悉它。与逝者的关系经过修正后会再次融入我们的实践身份，修复的实践身份会指引我们日常生活的活动和选择，让我们逐渐了解按照自己的标准所选择的良好生活都具有哪些主要特征。因此，我们也就能够对自己实际追求的益处从理性上感到满足。

我在第三章第10节解释过，自爱和自我认知是交融的。自爱是我们为了自己而关注自己。想要确保可以做到自爱，就要向自己表明我们值得被尊重，也必须了解我们是谁，对我们重要的事物是什么。爱一个自己不了解的人，或爱一个自己不愿意费工夫去了解的人，这种声称的爱，并不是爱。哀伤造就了某种形式的自我认知，让我们得以更全面、更深层地审查自己。哀伤将我们人生中最重要的人和事物清晰地呈现出来，让我们得以更理性地看见我们的目的和生活。因此，当康德说自我认知是对自爱的一种抗衡时，我们也可以说自我认知（尤其是哀伤引发的自我认知）有助于我们理解自爱。康德认为自我关注义务的根基是使我们"比自然塑造的更完美"[1]，而哀伤为此提供了一次至关重要的机会，可以让我们从理性上使自爱渐臻完美。哀伤结束时，如果我们已经更好地认识了人生的目的，那将是最理想的结果。

1　*Metaphysics of Morals*, 6:419.

4. 就"对自己的义务"答怀疑者

我认为，哀伤义务的基础是我们有追求自我认知的义务。倘若我对哀伤义务的论证是令人信服的，那么我们至少需要向自己履行一种义务。然而，一些怀疑者会认为我的论证无法令人信服，不足以消除有关"对自己的义务"的怀疑；且倘若我无法释疑，哀伤义务便不足信。

在这里全面论证"对自己的义务"是行不通的。[1]不过，我们至少可以粗略地回答人们在思考"对自己的义务"时所提出的疑问，同时把我们的答案和哀伤的义务联系起来。

有些哲学家认为道德只与他人及他人的利益有关，因此不接受"对自己的义务"这一说法。根据这种反对的意见，提出"对自己的义务"的概念就是对道德实质的误解。[2]

毫无疑问，道德在多数情况下与他人有关。我们的道德楷模常常是那些为他人做出卓越贡献的人，他们宁愿牺牲自己的利益

---

1 目前已有更全面的文献论证"对自己的义务"，见Alison Hills, "Duties and Duties to Self," *American Philosophical Quarterly* 40 (2003): 131–42；Paul Schofield, *Duty to Self: Moral, Political, and Legal Self-Relation* (Oxford: Oxford University Press, 2021)。

2 Stephen Finlay, "Too Much Morality?" in P. Bloomfield (ed.), *Morality and Self-Interest* (Oxford: Oxford University Press, 2008), pp. 140–42.

或福祉而全心全意地保护他人，服务他人。但是，我们不可过于自信地认为道德完全排斥对自我的关注。在过去的几个世纪里，道德领域取得了长足而积极的进步，其中的一个进步就是大多数人都扩大了自己道德对象的范围。现在，大部分人都承认，尽管人有种族、性别、宗教信仰、性取向等各种差异，但在道德层面上，所有在世的人的重要性都是相同的。同时，人们还承认，那些尚未出世的人（即未来的若干代人）以及除人类以外的动物也同样值得在道德层面上被考虑。但颇具讽刺意味的是，一方面，道德对象的范围在向外扩张；另一方面，有人却相信自我无须获得道德的关注（即我们对自己完全没有道德义务），而这两方面是同时发生的。但是，在不算遥远的二百年前，人们普遍认可"对自己的义务"概念的存在。这一事实应当让我们感到些许谦卑：在付出值得钦佩的努力去关心他人的过程中，我们是否已经忘了对自己也具有道德上的义务？事实上，人们做出的一些重要道德选择似乎很难用一个只能形容我们与他人关系的道德字眼来描述。自由主义思想家约翰·罗尔斯（John Rawls）论证说，自尊在我们与他人的关系中享有尤为特殊的重要地位，一个正义的社会必须向所有个体提供建立和维持自尊所需的社会条件。[1]其他哲学家也

---

1 *Justice as Fairness: A Restatement*, E. Kelly (ed.) (Cambridge, MA: Harvard University Press, 2001), pp. 58–60.

曾论证说，种族主义、性别歧视以及其他形式的压迫会让受压迫群体中的个人无法表现出自尊。因此，尊重自己是抵抗自我压迫和他人压迫的关键。[1]

我们的道德关怀应当是向外的，但这并不意味着我们可以粗暴地下结论，认为所有道德关怀都应当是向外的。我们对自我有应尽的义务，只是我们有可能会在道德层面上忽视或亏待自我。在哀伤时，我们会向自己表明我们是重要的。因此，哀伤活动所呈现的是一种自爱、自尊的行为。

哲学家们对"对自己的义务"表示怀疑的另一个原因与义务免除原则有关，该原则指的是：某人向他人负有义务，他人总能允许此人免于履行该义务。然而，"对自己的义务"的存在很难与义务免除原则兼容。以许诺为例。如果A向B承诺，他会做X这件事，那么，B就可以免除A的义务，让A无须兑现承诺。但是，如果义务的对象可以免除应尽义务者的责任，这就似乎意味着"对自己的义务"也丧失了应有的力量。如果我在任何时候都可以随意免除我应该向自己履行的义务，那么"对自己的义务"就太微不足道了，以至于根本算不上"义务"。换句话说，如果有义务

1　Thomas E. Hill, Jr., "Servility and Self-Respect," *The Monist* 57 (1973): 87–104, and Carol Hay, *Kantianism, Liberalism, and Feminism: Resisting Oppression* (London: Palgrave Macmillan, 2013).

做X这件事意味着对方有权利反对你做X这件事，那也就意味着你可以在面对"对自己的义务"时随意放弃这种权利，而这种权利也就称不上"权利"了。[1]

有些哲学家尝试驳斥这种反对的意见。他们称，即使我们可以免除"对自己的义务"，它们也依然是义务。[2]在此我想用一个不同的思路来考虑这一点：有些义务是可以取消的，但是取消所有"对自己的义务"则有悖于情理。哀伤义务所依赖的另一种义务——追求自我认知的义务——属于不可推卸的义务。

要深究其因，我们需要再次考虑承诺一事。假如一个人对自己做出一个承诺，为了信守承诺，他便为了自己履行这个义务。[3]此后，他可能自行解除诺言，免除这一义务。请注意，做出承诺，以及免除承诺产生的义务，这两件事都是他自愿行为的结果，而这些自愿行为也都改变了特定事实的道德意义：在许诺时，他把一个行为的道德意义由可选择的转变为强制的；而在解除自己的

---

1 Marcus Singer, "On Duties to Oneself," *Ethics* 69 (1959): 202–5.

2 Tim Oakley, "How to Release Oneself from an Obligation: Good News for Duties to Oneself," *Australasian Journal of Philosophy* 95 (2017): 70–80, and Daniel Muñoz, "The Paradox of Duties to Oneself," *Australasian Journal of Philosophy* 98 (2020): 691–702.

3 向自己许诺又引出了许多复杂的问题，其中最重要的是如何区分"向自己承诺要做某事""只是计划做某事"和"不得不做某事"这三者。此处暂不考虑这些问题。

承诺时，他又把这一行为的道德意义由强制的反转成可选择的。由此来看，向自我许诺的人仿佛拥有一种具有道德意义的权力，就好像一个病人有权力同意接受治疗。道德权力使得个体能够通过意志行为来创造、修改或终结道德事实。一个病人同意接受医治，等同于他把一个行为（医生治疗他的身体）的道德意义由不许可改变为许可。

在这些情形中，一个人实施自行决定的权力，就会改变道德事实。但另一个问题接踵而至：倘若这些权力使人有了道德上自行决定的自由，那么，这些权力本身在道德上又具有什么样的意义呢？我们再次以行为人向自己做出（又解除）承诺为例。从行为人的视角看，这些行为在道德上都是具有权威性的，也就是说，每一个行为都具有道德意义，而这仅仅因为行为人实施了自己的道德权力做出承诺和解除承诺。简单地说，行为人做出的承诺创造了他要履行的义务，是他让这件事发生了；同时，他解除承诺，免除了要履行的义务，也是他让这件事发生了。因此，这些权力的道德意义必然和它们控制的道德事实有差别。这些权力使人能够在道德上自行决定，但只有当这些权力本身具有非自行决定的意义时才可以。我们有能力通过实施这些权力使新的道德事实产生，这意味着这些权力本身具有不受制于我们意志的道德意义，也就是说，这些道德意义不会因我们自行决定免除而改变。倘若这些权力本身可以免除，那就无法解释为什么它们只是具有非自行决定的道德意义的事实,却可以创造、修改或免除道德事实。我们会追寻让我们能够免除那种权力的一种更基本的权力。因此,我们修改道德事实的权力以及权力所归属的理性的能动性必然会构成一种道德基础,它能够影响道德事实,而不让其自身的道德意义受到影响。[1]

我们有追求自我认知的义务,因此,也就有哀伤的义务。这两种义务可能都属于我们要向自己履行的不可推卸的义务。哀伤时,我们会做好准备去认识我们的实践身份。哀伤活动极其宝贵,不仅因为它能让我们更好地追求重要的事物,还因为自我认知也是自爱,能让我们更清楚地看见被我们倾注了全部身心的自我。在认识自我的过程中,理性的能动性能够更接近于它的理想状态,也就是说,人们能够充分了解行动的原因。

"对自己的义务"被怀疑的第三个原因是,很难解释与这些义务有关的问责事宜。通常,当我们没有向他人履行道德义务时,我们就要为此承担责任,理所应当地接受批评或责备,或在有些情况下接受惩罚或制裁。于是就有了这样的可能性:既然哀伤的义务是我们向自己履行的义务,那同样也要追责。所罗门说过,不哀伤会被"道德谴责",具体来说是会被指责"冷漠"或"没有

---

1 同样的逻辑推理参见 J. David Velleman, "A Right of Self-Termination?" *Ethics* 109 (1999): 606–28。

人性"，应该为此感到"羞耻"。倘若我的论证无误，哀伤的义务是我们应当向自己履行的，那么，与这一义务有关的任何责任都必须由我们自己而非他人来承担。哀伤的义务不是可强制执行的义务，其他人无权在道德上迫使或刺激我们去履行。事实上，如果人们认为没有履行哀伤义务的人是羞耻的，那就是在道德上干涉他人，因为我们本是不相干的第三方，却去关注他人对自己的义务。

然而，在哀伤的义务中应当担负的责任似乎依然是模糊的。我们可以让亏待我们的人承担道德责任，同样也可以让自己为不履行自我关注的义务（包括哀伤的义务）而承担责任。但是，我们在这两种情况下使用的概念可能大不相同。我们不可能使用"伤害自己""违反自己的权利"这样的术语来探讨我们对自我关注的义务（如哀伤的义务）的履行，而是会使用如"自尊""失望""遗憾"之类的概念。讨论自我关注的义务时使用的词汇与讨论关注他人或人际义务时使用的词汇不同，但这并不说明前者不是真正的义务。例如，如果我们哀伤的程度不恰当，我们有理由感到遗憾；但是，这种遗憾与我们遭他人不公正对待时所感受的憎恶有着重要的差异：我们对自己的行为感到的是遗憾，但是我们会憎恶他人。若我们的哀伤程度不恰当，我们只是让自己失望了；因没有做好某事而感到遗憾和自责并没有不合适。

如果上述对怀疑者的驳斥依然没有说服力，我也会颇感欣慰，因为我已经呈现了虽然微弱但是重要的观点：无论对自己是否有哀伤的义务，我们都有充分的理由认为哀伤具有自我关注的道德本质。哀伤为我们提供了一个罕见的机会，让我们能更全面、更理性、更悉心地与自己相处。

5. 结论

我们可以感到哀伤是一种义务，甚至是急迫的义务，我在本章的论证证实了这种感觉没有错。事实上，我们有非绝对的义务——即便没有，也有充分的道德理由——去哀伤，这一义务是建立在追求自我认知这一更宏大的义务的基础之上的。在哀伤过程中，我们表现出了自爱和自尊。这一结论有助于解释产生哀伤悖论的其中一个观点：我们有理由迎接哀伤，并且把它推荐给那些我们在意的人，包括我们自己。

第七章

疯癫与医疗

对哀伤略做探讨便会发现，疯癫（尤其是女人的疯癫）通常呈现在文化讨论的风口浪尖。

来看看奥菲利娅。莎士比亚的《哈姆雷特》第四幕开启时，侍臣告诉王后乔特鲁德，神情恍惚、疯疯癫癫的奥菲利娅要见王后。奥菲利娅的那位时好时坏的爱人、乔特鲁德的亲生儿子哈姆雷特刚刚无意间杀害了奥菲利娅的父亲波洛涅斯。"她不断地提起她的父亲。"王后的侍臣解释说。

> 她说她听见
>
> 这世上到处是诡计；一边呻吟，一边捶胸；
>
> 对琐琐屑屑的事情怨恨痛骂；说的都是玄妙的话，
>
> 似有理，似无理。她语无伦次，不知所云……

哈姆雷特的朋友霍拉旭害怕奥菲利娅会"向愚妄的脑袋散布危险的猜测",因此他建议乔特鲁德最好见一下奥菲利娅。

接着,奥菲利娅吟唱着情歌进场,歌中唱的是一对爱欲萌动的少男少女邂逅、立下婚约却又背弃盟誓。因父亲的死亡所勾起的记忆涌入奥菲利娅的脑海,她唱道:

> 他已经死了,姑娘,
>
> 他死了不能再来;
>
> 他头上是青草蔽葳,
>
> 脚下是冰凉的墓碑。

她像在发布预警一样,说她的哥哥雷欧提斯"必须知道这件事";然后在退场时说:"晚安,太太们,……可爱的小姐们。"国王克劳狄斯认为,奥菲利娅的疯癫是"受深切的哀伤所害",她的哀伤"源自她父亲的死亡"。在这一场景里,奥菲利娅后来再次出场,她像咿呀学语的孩童一样唱着"嗨,哎呀,哎呀呀",同时将各种花草撒给现场的人们。她悲怆地说:"他再也不会回来。"

到了第四幕的第七场,乔特鲁德进场将另一桩"祸事"告诉了雷欧提斯:奥菲利娅离开城堡后去了附近僻静的树林,爬上斜倚于小河旁的一棵柳树。"她编了几个奇异的花环去到那里,用的是毛茛、荨麻、雏菊和长颈兰。"哎呀，树枝断了，奥菲利娅掉进"哭泣的河水里，她的衣服四散展开"。出人意料的是，奥菲利娅没有在河水里挣扎。相反，

> 她嘴里还断断续续地唱着古老的歌谣；
> 仿佛感受不到自身处境的险恶，
> 又好像她本来就是适应水下环境的生物。
> 可是，没过多久，
> 她的衣服因水的浸透变得沉重，
> 这可怜的人儿尚未唱完歌，
> 就沉到污泥的死亡之所里去了。

"哎呀，那么，她淹死了吗？"雷欧提斯问。"淹死了，淹死了！"王后答道。

奥菲利娅的哀伤引发了其他角色的同情，按情理也引起了莎士比亚的同情，而他们的反应显露的是一种长期以来的文化趋势：把哀伤和女性特有的疯癫联系在一起。奥菲利娅的哀伤是狂野的，她对哀伤的表达时断时续，中间穿插着胡言乱语。她从理性和文明的世界中隐退，蜕变成波希米亚式的居于山林水泽的仙女。奥菲利娅近乎自杀式的死亡被认为是非自然的哀伤带来的自然的副产品，虽然可以被理解，却也反映出她不稳定的女性特

征。[1]丧亲的奥菲利娅，正如此前的文学作品中出现的安提戈涅[2]，人物形象惹人怜悯，却带有不祥的征兆，很容易颠覆社会规范。由此看来，哀伤，尤其是女人的哀伤，似乎是危险的。

1. 哀伤会变成疾病吗?

从上面的案例看，西方文化往往都带着怀疑的态度看待哀伤，认为哀伤威胁到自我控制和社会控制，而女性会被过分地视作这种威胁的源头。[3]后来的科学研究表明，男性为自己申辩得太多了：男人和女人的哀伤方式常常不同。与女人相比，男人较少地谈论自己的哀伤，谈论时也会表现得比较冷静，情绪上更忧郁。但事实上，男人的哀伤在情感上更加煎熬，令其烦恼。[4]我们也许希望

---

1 在该剧的前段，哈姆雷特曾抱怨奥菲利娅的情绪变幻莫测，尤其是她的爱，飘忽不定。

2 古希腊经典悲剧《安提戈涅》中的主人公。——编者注

3 埃米·奥尔伯丁（Amy Olberding）（在私人信件中）说，中国人对哀伤的讨论基本上不会涉及这种性别要素。但这并不是说亚洲文化从未把哀伤描述为女性的疯癫——佛教经典曾这样描述婆悉吒（Vasetthi）和迦沙乔达弥（Kisagotami）等女性：婆悉吒在儿子死后赤身在街上游荡，住在垃圾堆和坟茔中；迦沙乔达弥抱着死去的幼子寻找让其复活的良方。

4 M. Stroebe, W. Stroebe, and H. Schut, "Gender Differences in Adjustment to Bereavement: An Empirical and Theoretical Review," *Review of General Psychology* 5 (2001): 62–83; Konigsberg, *The Truth about Grief*, chapter 7.

自己能不再像古人那样将哀伤"性别化",但今天的我们依然要面对"哀伤是健康的还是病态的"——即,哀伤何时是一种精神障碍——这一问题。虽然人们常常认为哀伤是一种正常的自然现象,但讨论哀伤时,我们还是会联想到与治愈有关的比喻。[1]琼·狄迪恩曾明确表示,身陷哀伤的人"实际上是病了",正处于"短暂的疯癫和抑郁的状态"。并且,恰恰因为"这种心理状态很常见而且看似自然地发生在我们身上",我们才有所迟疑,没有称之为"疾病"。[2]威尔金森说,即便是"正常的哀伤",也与严重的抑郁症状(包括情感上的痛苦、正常行事能力的丧失)有许多共同的特征。[3]那么,我们应当把哀伤视为一种精神障碍或疾病而将其"医疗化"吗?哀伤是一种疯癫吗?

十年前,由心理健康专家组成的一个工作组负责修订美国精神医学学会的《精神障碍诊断与统计手册》(以下简称《手册》)。他们提议修改手册中对哀伤的描述方式,将有关哀伤在医学中的定位的问题推向了学术讨论的风口浪尖。根据旧版本《手册》中的描述,哀伤伴随着极高程度的悲伤、焦虑、情绪变化、胃口丧失、日常生活的混乱,因此它和抑郁等精神障碍有颇多相似之处。

1　Konigsberg, *The Truth About Grief*, chapter 6.

2　Dideon, *The Year of Magical Thinking*, p. 34.

3　Wilkinson, "Is 'Normal Grief' a Mental Disorder?" p. 290.

但是，哀伤是"对至爱之人离世的正常反应，具有典型的文化特征"，因此，旧版本的《手册》并没有把哀伤归类为精神障碍。然而，此次工作组建议，在今后的版本里将"排除丧亲之哀"[1]从手册中删去。工作组认为哀伤中包含一种特有的精神障碍，即"复杂性哀伤障碍"，并提出了诊断标准。精神健康领域的部分专家支持修改《手册》，但反对的声音也很强烈。批评者认为，这些修改措施等于彻头彻尾地将哀伤医疗化。最终，学界达成妥协：将"排除丧亲之哀"从手册中删去，但并不纳入"哀伤特有的精神障碍"这一概念。[2]

反对者提出了几条批评意见。其中一条针对的是工作组提出的"复杂性哀伤障碍"的诊断标准。依据这些标准，哀伤的时长如果超过两周，就会变成令人担忧的医疗问题。反对者称，对许多人来说，要"消化"哀伤，两周时间是不够的；诊断标准中提到的两周时间并没有考虑影响哀伤经历的文化或个体因素，比如性别、宗教信仰、哀伤者与逝者的关系、逝者去世的方式。因此，这一标准忽

---

1 "排除丧亲之哀"（bereavement exclusion）指的是将在至亲去世后的两周内出现的抑郁症状视为哀伤，而不将其鉴定为精神障碍。——译者注

2 塞里弗·特金（Serife Tekin）就这场争论做了公正的综述。部分专家支持《手册》所做的修改，他们的意见也包含在综述里。见 Serife Tekin, "Against Hyponarrating Grief: Incompatible Research and Treatment Interests in the DSM-5," S. Demazeux & P. Singy (eds.), *The DSM-5 in Perspective* (Dordrecht: Springer, 2015), pp. 180–82。

视了哀伤的多样性。另外的一些批评意见与其说针对的是提案的细节，不如说是在从哲学角度思考一个问题：哀伤的医疗化是如何抹杀哀伤对人类经验的重要性或价值的？哈佛大学的精神病专家、医学人类学家阿瑟·克莱曼（Arthur Kleinman）在领会了这些批评的要旨之后说，我们在"把一般的哀伤变成适合医疗介入的对象"之前，必须"慎之又慎"。克莱曼在谈起自己妻子的死亡时说：

> 我的哀伤标志着我失去了生命中至关重要的人，这和成千上万的其他人的哀伤并无二致。这种痛苦是怀念的一部分，或许也是生命重塑的一部分。哀伤标志着一个时段、一种生活自此终结，转向一个新的时段和截然不同的生活。哀伤中所受的苦把我从日复一日的寻常生活中推了出来，它让我思考：究竟是什么意义和价值让我们的生命充满生机？过去的文化重塑是主观的，是和我生活的世界里的其他人共享的，它具有道德和宗教的意义。若把这种意义的重塑当作疾病来治疗，这意味着什么？我和我的家人，以及（凭我的直觉）其他千千万万的人都会认为，这样的文化重塑是不合适的，甚至等同于用技术的手段介入我们生命中最重要的事情。[1]

---

1 Arthur Kleinman, "Culture, Bereavement, and Psychiatry," *The Lancet* 379 (2012): 609.

克莱曼的这一番话支持了我在思考哀伤的实质和重要性时所论证的主要观点：哀伤反映出了重大损失，尤其是他人的死亡所引发的关系的丧失。哀伤标志着逝者离开之后生者生活方式的转变。哀伤让生者开始思考自己的实践身份，尤其是个人的责任和习惯。但我们是否也应该像克莱曼一样，对把哀伤视为可诊治的或病态的现象的做法感到不安？他认为，把哀伤视为可诊治的或病态的现象，等同于"用技术的手段"来重塑被哀伤扭曲的、重要的事物。他的这种观点正确吗？

从哲学的角度看，将哀伤"医疗化"并不是一个简单的问题[1]，它在涉及精神医学时还会变得更加复杂。人们对哀伤时所表现出来的一些特征是否是疾病或精神障碍并没有一个清晰的共识，本章也无意解决这些宏大的问题。我会依然紧扣"哀伤"这一主题继续论证。我认为，人们应当抗拒任何将哀伤医疗化的论断。哀伤确实从生理和心理上改变了我们，然而，即便哀伤满足了精神障碍的传统标准，它在总体上也依然是对引发哀伤的事件所产生的健康的反应，而不是病态的反应。此外，哀伤通常是健康的

---

1 关于医疗化，一些学者已经做了深刻的探讨。见 Carl Elliott, *Better than Well* (New York: Norton, 2003); Peter Conrad, *The Medicalization of Society* (Baltimore, MD: Johns Hopkins University Press, 2007); Alison Reiheld, "'Patient complains of . . .': How Medicalization Mediates Power and Justice," *International Journal of Feminist Approaches to Bioethics* 3 (2010): 72–98; Erik Parens, "On Good and Bad Forms of Medicalization," *Bioethics* 27 (2013): 28–35。

情感，这一事实说明，这些传统的标准太过宽泛，没有排除那些符合标准但并非病态的情况。因此，哀伤就是精神障碍之传统定义的一个反例证。最后，我认为，把哀伤归类为精神障碍对我们的哀伤经历会产生不利的影响。我们应当抵制将哀伤医疗化，我持这样的态度旨在说明，就算是正在经历强烈哀伤的人，他们表现出的情感也没有理由被认为是疾病的症状。尽管他们的哀伤反应与抑郁等情感障碍的症状相似，但这类人生病并不是哀伤所致。哀伤者也会生病，这个病也许与哀伤有关，但哀伤者几乎从不会因哀伤而患病。在我的结论中，我对人们究竟应如何从医疗或精神医学的视角理解哀伤提出了自己的见解。

2. 哀伤如何反映出良好的心理健康

哀伤被医疗化的理由其实特别简单，因为其表现出来的特征与已被医疗化的其他病状（最显著的就是抑郁）相似。但是，应当将哀伤的特征与它的其他事实放到一起来考虑，而后者往往与哀伤的医疗化背道而驰，其中有一些我在前几章提到过。

哀伤是人们对损失的自然反应。我们在第三章了解过，人们从损失中恢复也同样是自然的。总体上看，尽管哀伤让人在情感上背负了重担，但大多数人都能从中缓过来，恢复到与哀伤之前几乎同水平的生活。因此，哀伤代表的是人类的真实问题，我们中的大多数人也都有能力处理好这个问题。复杂性哀伤——消解缓慢的或包含持续不断的负面情感的哀伤——是不常见的，其比例为每25个哀伤案例中大约会有一个，[1]且只在某些群体中的比例会较高。这说明，即使哀伤偶尔会产生严重的状况，甚至严重到需要就医的程度，它本身也并非一种疾病。

有些精神障碍（比如精神分裂症）的特征是病人会出现妄想等错乱的精神状态。而据我了解，尚未有人发现哀伤与任何精神错乱有关。这并不是说哀伤对认知没有影响，哀伤似乎会导致记忆力衰退[2]，言语表达的流畅程度降低[3]，信息处理产生错误[4]。但是，这些缺陷出现的原因似乎是哀伤者在注意力集中[5]以及情绪管理[6]

1　James Hawkins, "Complicated Grief—How Common Is It?" *Good Medicine*, January 28, 2016, http://goodmedicine.org.uk/stressedtozest/2015/09/complicated-grief-how-common-it.

2　Christopher B. Rosnick, Brent J. Small, and Allison M. Burton, "The Effect of Spousal Bereavement on Cognitive Functioning in a Sample of Older Adults," *Aging, Neuropsychology, and Cognition* 17 (2010): 257–69.

3　H. C. Saavedra Perez, M. A. Ikram, N. Direk, and H. G. Prigerson, "Cognition, Structural Brain Changes and Complicated Grief: A Population-based Study," *Psychological Medicine* 35 (2015): 1389–99.

4　L. Ward, J. L. Mathias, and S. E. Hitchings, "Relationships between Bereavement and Cognitive Functioning in Older Adults," *Gerontology* 53 (2007): 362–72.

5　F. Maccalum and R. A. Bryan, "Attentional Bias in Complicated Grief," *Journal of Affective Disorders* 125 (2010): 316–22.

6　Ward et al., "Relationships between Bereavement and Cognitive Functioning in Older Adults."

方面存在困难，这不足为奇。我们在前面讨论哀伤的实质时说过，哀伤者正在经历的是一种持续的情感关注，高度关注他们与逝者生前关系的丧失。哀伤者的注意力受到干扰——可以说，他们的心灵和意识都在别处——认知功能可能受损也就在意料之中。[1]由此看来，哀伤者似乎是缺乏完备的能力投入到认知任务之中，而不是没有能力有效完成任务。在任何情况下，哀伤无论给人们的意识带来什么样的挑战，都没有把病态的缺陷引进人们的认知里。而且，在大多数情况下，哀伤带来的缺陷都是渺小的，并且似乎只影响某些群体，或者那些哀伤程度尤为严重或"复杂"的人。因此，哀伤与受损的意识、认知或推理并没有很强的内在联系。

同样，如果我们的大脑没有任何哀伤的痕迹，那也是不可思议的。哀伤也许是人类生活中最大的紧张性刺激，它会破坏多巴胺和血清素等调控情绪的神经化学物质的比例，并影响连接神经

---

[1] 这一点已得到研究证实。研究中，测试对象被要求完成如下认知任务：识别与死亡和哀伤有关的想法。例如，将卡片进行配对或分类，其中一些卡片上书写了与死亡和哀伤有关的文字，另一些则没有。见Maccalum & Bryan, "Attentional Bias in Complicated Grief"; P. J. Freed, T. K. Yanagihara, J. Hirsch, & J. J. Mann, "Neural Mechanisms of Grief Regulation," *Biological Psychiatry* 66 (2009): 33–40; M. F. O'Connor & B. J. Arizmendi, "Neuropsychological Correlates of Complicated Grief in Older Spousally Bereaved Adults," *Journals of Gerontology B, Psychological Sciences and Social Sciences* 69 (2014): 12–18. N. Schneck et al., "Attentional Bias to Reminders of the Deceased as Compared with a Living Attachment in Grieving," *Biological Psychiatry: Cognitive Neuroscience and Neuroimaging* 3 (2018): 107–15。

和神经元的大脑边缘系统。这一点有助于解释与哀伤有关的各种复杂情感的出现。哀伤也会影响掌管制订计划、做出决策和表达思想的前额皮层，同时影响在潜意识状态下管理呼吸、消化和睡眠的副交感神经系统。大脑成像研究表明，长期处于哀伤的女性看到已逝去的爱人的照片或者与死亡有关的文字时，大脑中与奖赏有关的区域会变得更加活跃，这说明她对逝者存有持续的依恋。[1]事实上，哀伤似乎会影响大脑的所有区域，[2]人的心理和身体中的任何一个系统都难以完全摆脱其影响。总之，哀伤者的大脑整体上都在承受压力，经历着哀伤对大脑情感免疫系统的多方面冲击。有研究者还将大脑对哀伤的反应比作对情感创伤做出的反应。[3]

然而，我们能从这些对神经系统的研究结果中推导出哀伤应当医疗化这个结论吗？这尚不清楚。哀伤是对人生的重大事件做出的反应，我们应当料想到自己的身心都会产生相应的反应。哀伤对我们的情感免疫系统提出了很高的要求，而我们的

---

1 Mary-Frances O'Connor et al., "Craving Love? Enduring Grief Activates Brain's Reward Center," *NeuroImage* 42 (2008): 969–72.

2 H. Gundel et al., "Functional Neuroanatomy of Grief: An fMRI Study," *American Journal of Psychiatry* 160 (2003): 1946–53; M. F. O'Connor, "Immunological and Neuroimaging Biomarkers of Complicated Grief," *Dialogues in Clinical Neuroscience* 14 (2012): 141–48; A. C. Silva et al., "Neurological Aspects of Grief," *Neurological Disorders* 13 (2014): 930–36.

3 Shulman, *Before and After Loss: A Neurologist's Perspective on Loss, Grief, and Our Brain.*

反应方式显示了情感免疫系统潜在的健康状况。临床心理学家凯·雷德菲尔德·杰米森（Kay Redfield Jamison）的观点颇具说服力：

> 有人说哀伤是一种疯癫。我不同意。哀伤是理智的，付出的情感比例是恰当的；而疯癫并不会这样。[1]

我们来做一个比较。绝大多数传染病都会引起发烧。然而，作为传染病的一种反应，发烧是身体对抗病原体所致威胁的一个可喜标志。当然，发烧会变得很严重，达到危及健康的程度。在我看来，哀伤与发烧同理。倘若哀伤的反应过于强烈或让人难以驾驭，就会对人们的幸福构成威胁。比如，我们在第一章说过，哀伤有时会导致身体健康状况的衰退，甚至导致死亡。在哀伤者群体里，有自杀念头的人也更多，[2]但这并不足以说明哀伤本身是病态的，正如发高烧不足以说明轻微发烧或中度发烧就是病态的。我们再引用前面提到的一些例子：默尔索在母

1　Kay Redfield Jamison, *Nothing Was the Same: A Memoir* (New York: Vintage, 2011), p. 5.

2　Margaret Stroebe, Wolfgang Stroebe, and Georgios Abakoumkin, "The Broken Heart: Suicidal Ideation in Bereavement," *American Journal of Psychiatry* 162 (2005): 2178–80; N. Molina et al., "Suicidal Ideation in Bereavement: A Systematic Review," *Behavioral Sciences* 9 (2019): 53.

亲去世后没有哀伤，而杰克·路易斯却因妻子的离世痛不欲生。这两个例子中，谁的哀伤反应是更好的心理健康的标志呢？答案自然是后者。不过我们也会担心，杰克究竟还能承受得住多大的哀伤。

从情感、认知或神经系统的角度看，哀伤者在很大程度上都是健康的。这一事实与我们在前面几章的发现是一致的。哀伤可能会损害我们做决策的能力，尤其是当我们代替逝者做决定的时候（我在第五章有所论证）；但是，哀伤者整体上并不会受到损害，通常而言，其哀伤在质性和分量上都和哀伤的对象相符。哀伤常常会使人们承受精神压力，但极少会造成崩溃。因此，哀伤并不是我们对引发哀伤的事件产生的反常的、不理性的反应。除极罕见的异常情况外，哀伤所标志的都是良好的心理健康，而不是疾病、障碍或病态。

3. 哀伤与社会生活能力

哀伤虽不是精神障碍，却似乎足够符合人们对精神障碍的传统理解。该事实也许说明这种理解还不够缜密，不足以描述与哀伤相关的事实。

《手册》等文献强调，心理状况如果导致了负面情感（焦虑、痛苦、闷闷不乐等）产生，或损害了"社会、职业、教育等其他重要方面功能的正常运行"（即人们从事日常生活和工作的能力），便可被视为精神障碍。毫无疑问，这两个方面的因素是人们判断心理承受的痛苦在什么时候需要就医的合适的起点。尽管如此，哀伤还是具有这种理解所难以解释的特征。

首先，判断一种心理状况是否是精神障碍需要我们关注该状况的发展历史，以及处于这种状况的人的过往。仅仅通过观察一个人生活的"时间片段"就来判断他是否正在经历负面情感或其正常生活的能力是否受损，显然是忽视了另外两个方面——此人是如何陷入这种状况的，以及这种状况是如何发展的——的重要性。哀伤能够反映一个人的过往，尤其是被其投入实践身份的人际关系；若摒弃这个事实，我们当然可以说哀伤与精神障碍类似。[1]但这一事实是绝不应该被摒弃的，毕竟哀伤不是无缘无故就产生的，它也不只是需要被管理的一堆"症状"。哀伤是一种反应，它往往与引发哀伤的对象一样都是理性的。一个有巨大损失

---

1 塞里弗·特金（Tekin, "Against Hyponarrating Grief," p. 186）在研究中表达了自己的担忧。她认为《手册》提出的分类是"下级叙事"（hyponarratives），它忽视了"病人全部生活"中"与自我相关的、环境特有的方面"，而将病人的障碍仅仅认定为行为能力的"失常"。另外还有一些类似的研究显示，部分对精神障碍的分类忽视了自我和自我叙事的作用，因而在治疗上会产生有害的影响，见 Tekin, "Self-concept Through the Diagnostic Looking Glass: Narratives and Mental Disorder," *Philosophical Psychology* 24 (2011): 357–80；Tekin & Melissa Mosko, "Hyponarrativity and Context-specific Limitations of the DSM-5," *Public Affairs Quarterly* 29 (2015): 109–34。

经历的人应当产生负面情感，正常生活也会被打乱；而这些影响的缺失才是心理不健康的标志。此外，哀伤经历也有其历史。我们在第三章特别提到，哀伤经历常常不可预测，也没有完美的线性发展逻辑。负面情感或受损的生活能力本应是精神疾病的反映，但如果说它们出现在哀伤的初期，则算不上精神疾病的反映。人们应当能预料到杰克·路易斯在乔伊去世后的几个星期里会悲伤、迷茫、毫无生气。如果这些反应持续过久，可能就应该去就医。但是，要确定哀伤是否具有临床诊断的意义，我们必须把负面情感和受损的生活能力放在一个更广泛的个人过往事实中讨论，只有个人的过往方可证明哀伤在其生活中是何等的重要。

其次，我在前面论证过，哀伤提供了一次让哀伤者获得深刻的自我认知的特别机会。如果我们单单从两种损害（负面情感和受损的生活能力）的视角来看待哀伤，就会排除一种可能性，即产生这两种损害的精神状况对哀伤者是有益的。人们对精神障碍的传统理解是，精神障碍是病态的，它犹如在幸福平原上出现的一条深谷，所体现的是人的状况向下偏离了个人的幸福基线或统计数据中的常态幸福标准。哀伤看似是一条峡谷，但一旦从中穿过，有时就会让人攀上自我认知的高峰，到达高峰代表了我们的实践身份已很好地接受了至亲离世这一事实。根据对精神障碍的传统理解，感到痛苦和生活能力受损都只能是不幸之事，精神障碍不是能够获得益处的机会，我提出的哀伤者愿意承受的"有益的痛苦"也只是一种矛盾的修辞。当然，认可哀伤能为人们提供获得益处的机会的看法，就是要假定人们能获得什么样的"益处"。而除了"感觉良好"和"拥有正常的生活能力"外，对精神障碍的传统理解缺乏对"益处"更为深刻的解释，甚至完全无法理解我们为何要重视哀伤——这似乎是传统理解的弊端而非优势。从临床的角度看，如果哀伤只是心理上的痛苦和生活能力的失常，那么所有可能消解哀伤的悖论的方案都行不通。如果益处以这种狭隘的方式被定义，那么哀伤就不可能是有益的。我如此论证，旨在说明对精神障碍的传统理解存在缺陷。[1]

因此，我认为，即使哀伤会导致极其负面的情感出现或社会生活能力受损（对此我绝对不否认），它依然告诉我们，《手册》等文献对精神障碍的理解所涵盖的范围过大，会把实际上健康的甚至有益的状况视为病态的。[2]因此，哀伤是精神障碍现行医学理解的反例证——它虽然具备精神障碍的两大必要因素，但也拥有其他特征可证明其不应当被视为是病态的。同时，这反过来也说明了精神障碍的这两大必要因素（负面的情感或受损的社会生活能力）不够严谨。

---

1 威尔金森也探讨过这种可能性，见 Wilkinson, "Is 'Normal Grief' a Mental Disorder?" p. 304。

2 Loretta M. Kopelman, "'Normal Grief' Good or Bad? Health or Disease?'" *Philosophy, Psychiatry, and Psychology* 1 (1995): 209–40.

4. 陷入循环效应

质疑将哀伤医疗化的最后一个原因源自伊恩·哈金（Ian Hacking）的一项观察。哈金发现，疾病的类别就是"人的类别"，即对人进行分类的方式。[1]他指出，对人进行分类与对其他事物进行分类完全不同。如果免疫学家将病原体归类为病毒，这种分类会影响后来的科学研究和实践，比如它会引导研究者探索如何治疗与该病毒有关的疾病。但是，这种分类很可能不会改变病原体本身。免疫学家在20世纪80年代发现艾滋病是由人类免疫缺陷病毒（HIV）引发的，这极大地影响了我们与艾滋病的关系，但这个发现并没有改变该病毒的物理或化学特性。相比之下，人的类别具有社会意义，因为它是包含对什么是有益的、理想的、合适的等一系列的价值判断的"价值负载"。当有权威人士把一个人归类为反社会者、音乐天才或智障时，这种分类通常会影响人们对此人的理解，甚至会影响当事人的自我理解。若一个人知道自己属于某个类别，就会影响他的思维和行为方式。因此，人的类别

---

1 "The Looping Effects of Human Kinds," in D. Sperber, D. Premack, and A. J. Premack (eds.), *Causal Cognition: A Multi-disciplinary Debate* (Oxford: Clarendon Press, 1995), pp. 351–83.

就有了哈金所说的"循环效应"（looping effects）：若把一部分人归类为K类人，会改变K类人的态度和行为，也会改变他人对待K类人的态度和行为。在医疗分类上，这种循环效应似乎更加明显。把一个人归类为病人，就会产生相应的社会期待；而这种社会期待在此人没有被归类为病人时并不存在。例如，20世纪中叶之前和之后，酗酒者审视自己的方式有所不同。在20世纪中叶之前，人们大多把酗酒视为恶习或意志软弱的表现；此后，人们逐渐认为酒瘾源自生理因素。酗酒者在这一变化前后所讲述的自己的故事可能大相径庭。之前，酗酒者是社会的离经叛道者，他们无法克服道德缺陷，为自己的状况感到羞耻；在酗酒被医疗化之后，酗酒者能够自然地把自己看作受害者，嗜酒的中心原因也从自己的品格转移到了生理或基因的组成成分上。酗酒者和他人都认为，酗酒者应该得到治疗，而不应该被排斥或谴责。医疗的诊断能够通过把一个人归于某个类别，从而改变此人对自我的理解。把人归类为酗酒者（或反社会者、音乐天才、智障）与把病原体归类为病毒不同，被归类的人往往会遵循与诊断有关的期待，因为诊断改变了他的自我认知。

我认为，哀伤作为一个现象，如果按照传统标准把它视为一种疾病或精神障碍，就会极易受到哈金所说的循环效应的影响。我们由前文可以得出，哀伤的价值负载是厚重的，常常会受到广泛社会对哀伤的主体、合适的哀伤方式等看法的影响。我们看到，加缪笔下的默尔索遭人谴责并非因为他犯下了显而易见的谋杀罪，而是因为他对母亲的死亡缺乏哀伤之情。西方文化长期以来都把奥菲利娅以及其他哀伤的女性视为反常的、疯癫的，这种偏见也诋毁了男人的哀伤并使之边缘化。我们在现代文化里也能看到一些以哀伤文化为主题的其他例子。近年来，研究者和哀伤者开始对库伯勒－罗斯的五阶段（否认—愤怒—协商—抑郁—接受）模型的适用性产生怀疑。然而，该模型有着惊人的文化生命力，这让许多哀伤者对赞成模型的哀伤心理咨询师深感失望。他们抱怨说，五阶段模型和自己的哀伤阶段并不一致，但咨询师还是会鼓励他们按照这个模型的假设来看待自己的哀伤经历。因此，人们逐渐认识到，五阶段模型不是描绘解释性的，而是规定说明性的：它说明了哀伤应当如何展开，而不是解释哀伤实际上是如何展开的。[1]

现代人对哀伤的理解也同样受文学和媒体中的哀伤叙事的影响。琼·狄迪恩的《奇想之年》以及米奇·阿尔博姆（Mitch Albom）的《相约星期二》（*Tuesdays with Morrie*）都曾畅销多年。被搬上银幕的哀伤故事也在世界各地受到欢迎，例如，以戴高科技项圈与人交流的狗狗为主角的丛林冒险电影《飞屋环游记》（*Up*）；以冷冽的海边小镇为背景、静谧而真实的讲述家庭的影片《海边的曼彻斯特》（*Manchester by the Sea*）。如果我说我会批评这

1　Konigsberg, *The Truth About Grief*.

些虚构的故事所呈现的哀伤方式，可能会看起来有些失礼。事实上，这些故事让人们对哀伤有了许多了解。然而，有关哀伤的叙事是一种体裁，它以哀伤应该如何发生的传统惯例为基础。从这些传统惯例来看，哀伤是终生的挣扎或伤痛，会导致持续的抑郁或倦怠，从哀伤中"恢复"需要把哀伤释放出来，抑或需要某个具有启发性的、可以宣泄情绪的事件。这些传统惯例并不承认人们能很快地、完全地从"哀伤"中恢复；也不觉得哀伤的负面情感是间歇性的，不像抑郁症患者的负面情感那样持续许久；更不相信大多数人的哀伤会慢慢减弱，而不是由某个事件彻底消解或征服。符合这些传统惯例的哀伤回忆录受人欢迎，这证明受众被此叙事引导了，他们期待对哀伤的描述能够遵循一种体裁。但是，体裁常常与事实不甚契合，因为体裁反映的是消费者的品味，而这种品味所基于的受众从体裁的描绘中得到的信息往往是错误的（显然很多犯罪故事片对警察的工作反映不实；在西部片中也几乎找不到能准确表现美国西部的地方）。因此，体裁的商业模式会固化，现代的哀伤叙事因为能够符合受众的期待而获得成功。与受众期待相违背的哀伤叙事——比如，一个人失去对他来说极其重要的人，他的心理经受了些许煎熬，不久就恢复了以前的生活能力和幸福水平——不仅缺少了传统的戏剧性的优点，还有可能让受众困惑，或者根本无法获得受众的关注。

由此看来，哀伤经历会受到文化脚本的巨大影响，而后者是人们依照社会规范和社会常态的预期塑造出来的。将哀伤医疗化会创造出另一种文化脚本，它可能会像哈金的"循环效应"的假设所预测的那样，影响哀伤者及其对哀伤的理解。我认为，将哀伤者视为患了病的人，可能会在很大程度上使哀伤者以对他们有害的方式理解自己的哀伤经历。也就是说，在社会对一个哀伤的人的表现有期待的影响下，哀伤者会顺应这些期待而参与哀伤活动。他们这么做，可能就阻碍了自己利用哀伤获得自我认知，而自我认知正是哀伤的特别的益处。

为了理解其中的缘由，我们必须考虑"认为自己罹患了哀伤疾病"与"认为自己正在面对哀伤这一人类的困境"这两者的区别。

把哀伤视为疾病，就是把哀伤的各种不同情感成分（其中最重要的是悲伤，还有迷茫、焦虑、愤怒、喜乐等）视为潜在问题的症状，而不是零碎的证据。这些证据原本使我们有可能与逝者保持关系，重塑我们的实践身份，使之反映我们和逝者之间已经改变的关系。倘若哀伤是病，它的"症状"会提醒我们患了公认的一种病，但并没有告诉我们必须适应至爱离世后的新的现实。我们会带着患了病的心态生活，很可能只把哀伤视为纯粹的疾病而不是（我前面所论证的）一个获得自我认知的特别的机会。被视为病症的哀伤，成了要"克服"或者"逾越"的东西，而不是能产生自我构建的存在。因此，从病理学角度看待哀伤可能会抑制自我重建的过程，而在我看来，自我重建才是哀伤真正的意图。

此外，将哀伤医疗化会误导哀伤者，使他们认为自己处于完全被动的境地，而不是正在参与一场由自己的意志和选择发挥中心作用、不断向前进展的活动。因此，他们可能完全会用受害者的眼光看待自己，迫切地去等待哀伤的消解或减弱。

最后，将哀伤医疗化，还可能诱使哀伤者将"哀伤"与自己的身份等同起来，就像酗酒者或其他类型的成瘾者往往会做的那样。需要注意的是，上瘾的人可能会用自己的状况来定义自己，但癌症患者不会这样做。比如，上瘾的人会说"我是瘾君子"或"我是酒鬼"，而癌症患者则没有与此对等的用语（难道要说"我是患癌症的"？）。我在前面论证过，哀伤对我们的身份形成起着关键的作用。然而，我们应当警惕的是，不要让哀伤在我们的身份中扮演角色的时间太长，以避免我们永远把自己置于贴着"哀伤"标签的容器里。若哀伤持久存在，可能会导致哀伤的发展或消解遭遇停滞，并鼓励哀伤者保持与哀伤的病态关系。在哀伤"诊断"的影响下，哀伤个体可能不会用自己的语言，而是用临床精神病学的语言来描述自己的经历，随着时间的推移，这往往会阻碍哀伤者适应现实的能力的发展。[1]因此，解决与哀伤有关的身

---

1 James W. Pennebaker, "Putting Stress into Words: Health, Linguistic, and Therapeutic Implications," *Behavior Research & Therapy* 31(1993): 539–48; "Writing about Emotional Experiences as a Therapeutic Process," *Psychological Science* 8 (1997): 162–66.

份危机的最佳方式，不是将哀伤与自己的身份等同起来。

因此，我担忧的是：将哀伤医疗化会破坏、阻碍或剥夺自我探究和自我重建，而这些都能使哀伤对我们产生重要的伦理意义。医疗化会改变我们自己作为哀伤者所讲述的故事，[1]认为自己患了哀伤疾病的哀伤者不会真实地经历哀伤。塞里弗·特金也解释说，《手册》对精神障碍的研究方法忽视了自我，因此——

> 《手册》对精神障碍的描述有悖于主观经验，诱导哀伤者
> 将注意力从自己对自身精神障碍的理解转移开，去依赖《手
> 册》的观点。对那些患有精神障碍的人来说，了解自己的状
> 况及其意义变成一个挑战，因而严重限制了他们寻找解决问
> 题的策略的能力。[2]

我并不是想说，我们的哀伤有可能完全不受哀伤文化期待的影响。我想说的是，这些文化期待或许健康，或许不健康；可能有益于，也可能无益于培养有价值的哀伤情感。医疗化最有可能

---

1 关于哀伤经历中讲故事的重要性，见 Paul C. Roseblatt, "Grief across Cultures: A Review and Research Agenda," in W. Stroebe et al. (eds.), *Handbook of Bereavement Research and Practice* (Washington, DC: American Psychological Association, 2008), p. 211。

2 Tekin, "Against Hyponarrating Grief," p. 190.

产生的期待会让我们无法获得哀伤的益处。哀伤的医疗化试图减弱哀伤的害处，使我们陷入自我概念的"循环"，使哀伤丧失为我们提供重要益处、通往健康幸福生活的潜力。

5. 结论

因此，我的结论"我们应当抵制将哀伤医疗化"是基于上述不同的论据。我不认为这些论据中的任何一个独自具有决定性——每一个论据都借助与哀伤的医疗化相关的几种不同的考虑；而哪一种与哀伤的医疗化关系最大，意见尚不统一。这些论据只是质疑哀伤的医疗化，无意推及其他，不会像米歇尔·福柯（Michel Foucault）和托马斯·萨斯（Thomas Szasz）等思想家那样对精神病治疗机构产生怀疑。同样，我的论证并不否认精神障碍的存在，也不否认精神医疗的合理性。相比之下，我想说明的是哀伤并不能完全、明确地满足应接受医学治疗的情况所具有的特征，倘若我们按照惯例将哀伤视为疾病或精神障碍，结果很可能弊大于利。如果哀伤被完全医疗化，就有可能使医学思想、医学话语和医学实践得到影响哀伤的力量——我们不应当让这种情况发生。哀伤如果导致病状（比如抑郁、焦虑）出现，医学的作用就可能是有价值的；但如果把哀伤本身视为病态的，就会歪曲哀伤，从而削弱我们利用哀伤的潜力获得良好生活的能力。

我的结论有什么意义吗？从理论上说，我们应当反对引入"哀伤是特殊的精神障碍"，以及"复杂性哀伤"或"延长哀伤障碍"（PGD）等概念。相反，哀伤和丧亲应当维持其在《手册》中的"V 编码"（V-Code）地位[1]，临床医生和医务人员在给病人治病时都应当谨记这个事实，因为这会影响他们对本身并非精神障碍的"障碍"做出预断、诊断或治疗。也就是说，正处于哀伤中的事实对精神健康专家如何诊断及治疗哀伤者极为重要。从这一方面来说，哀伤并非个例，因为许多生活状况都会导致精神障碍出现，而精神障碍却不是这些状况所特有的。例如，吸毒、离婚或长期患病等形形色色的生活压力似乎都能导致人们抑郁或焦虑。[2]但在这些情况下，人们遭受的是焦虑或抑郁之苦，而不是"复杂性吸毒障碍"或"延长离婚障碍"等疾病。由此得知，哀伤和这类生活压力同属一类。这些生活压力有助于我们理解精神障碍的来源，但它们本身不是精神障碍。请注意，我们并没有排除部分

1　依据《手册》，V-Code 状况指的是不符合精神疾病的诊断标准但"可能会成为临床关注焦点的其他状况"。这些状况在《手册》中的编码为 V，内容包括教育、职业、身份、文化适应、身份阶段等问题。这些问题会影响诊断和治疗，但本身不是精神障碍。见 *Diagnostic and Statistical Manual of Mental Disorders* (4th ed.). Washington DC: American Psychiatric Press, 1994。——译者注

2　Vaishnav Krishnan and Eric J. Nestler, "The Molecular Neurobiology of Depression," *Nature* 455 (2008): 894–902; and Longfei Yang et al., "The Effects of Psychological Stress on Depression," *Current Neuropharmacology* 13 (2015): 494–504.

人的哀伤会导致需要就医的抑郁、焦虑或其他症状出现，而只是说明哀伤本身并不是需要就医的缘由或根本原因。

总　结

最富人性的哀伤

我们对哀伤的哲学探索即将结束。一路走来，我们逐渐理解了哀伤的实质——我们为谁而哀伤，为何哀伤，哀伤是什么；哀伤的价值，即哀伤尽管痛苦却对我们有益；哀伤常常是对其起因的理性反应，而非认定受精神疾病之苦的理由；以及，作为能自我反思且思考生活中重大事件对身份产生的重要意义的人类能动者（human agent），我们为何应该在道德上对自己尽哀伤的义务。在论证的过程中，我们看到，哀伤并不像古代哲学家所想的那样，是对人性的威胁；相反，哀伤是人性最珍贵的表现形式之一。有越来越多的证据显示，非人类的动物也会哀伤。[1]无论这是否属实，

---

[1] 大多数动物学家都承认，有些动物种类（鲸鱼、灵长类、大象等）对死亡有一些认识，会参与类似哀悼的死亡仪式。但是，动物是否具备哀伤中的这些典型行为所需的情感或认知能力，这依然有争议。见 Barbara J. King, *How Animals Grieve* (Chicago: University of Chicago Press, 2008); Jessica Pierce, "Do Animals Experience Grief?" *Smithsonian,* August 24, 2018, https://www.smithsonianmag.com/science-nature/do-animals-experience-grief-180970124/.

人类复杂的大脑和社会进化的天性都可以确保我们承受的哀伤比动物可能承受的在方式上要复杂很多。在某种程度上我们与动物不同，我们知道生命有限，知道死亡，还知道自己和所有生物一样，必然会死亡。[1] 与此同时，我们有建立依恋关系的倾向，当依恋关系丧失或遭到威胁时，我们便容易感受到强烈的痛苦。我们对生命和死亡的理解，以及自我意识和对时间流逝的意识，都使哀伤能够获得我们的情感关注，产生出许多不同的情感，并提出关于实践身份的诸多问题。哀伤在彰显我们最富人性的几种特征时，也全方位地呈现了我们作为人的本性。

我希望，所有这些收获能给我们带来慰藉，驱散笼罩在我们过往哀伤经历之上的迷雾，让我们为未来的哀伤经历做好准备。当然，这些结论可能也会引发一种担忧：我们为哀伤戴上了一副太过令人乐观的面具，而它实际上是我们生命中最糟糕的体验之一。有人可能会认为，在哲学层面上严肃地探讨哀伤需要反思哀伤的害处，以免我们会轻视甚至不尊重那些哀伤的人。

同时，我并不认为哀伤必然总是理性的、值得的。有些哀伤

---

1 Ernest Becker, *The Denial of Death* (New York: Simon & Schuster, 1973); Stephen Cave, *Immorality: The Quest to Live Forever and How It Drives Civilization* (New York: Crown, 2012), pp. 16–21; and Sheldon Solomon, Jeff Greenberg, and Tom Pyszczynski, *The Worm at the Core: The Role of Death in Life* (New York: Random House, 2015).

反应会破坏理性，有些则包含沉重的情感痛苦，且无论产生何种自我认知都无法弥补这种痛苦。对哀伤保持谨慎的乐观态度似乎是合理的。哀伤并不是大众话语常常描述的那种难以磨灭的伤痛，而是一次机会，一次让我们以新视角维持对我们极其重要的关系，同时使我们与自身的关系更成熟、更清晰的机会。哀伤当然也可能包含绝望的情感，没错。但是，我们不能因为哀伤而感到绝望，因为没有哀伤我们也不会感到更幸福。正如让-吕克·戈达尔导演的电影《筋疲力尽》（*Breathless*）中的主人公所说："在哀伤和虚无之间，我选择哀伤。"[1]

我在第三章第8节说过，哀伤的目标既不是放弃也不是执着地维持我们与逝者的关系。相反，哀伤时，我们应当在自己与逝者过去的关系上进行自我构建。从这一点看，哀伤是一条通往自由的道路。它所涉及的自由不是与政治运动相关的社会政治的自由，而是个人和心理的自由：哀伤不能也不应该把我们从过去的关系中解放出来；但是，它允许我们超越过去实践身份的局限——至爱离世后，过去的实践身份已不再适合我们，因为那种实践身份的前提是至爱还活着。由此看来，哀伤可能是获得更大

---

1 《筋疲力尽》虽是让-吕克·戈达尔执导的电影，但是这句台词显然出自威廉·福克纳（William Faulkner）的小说《野棕榈》（*The Wild Palms*, New York: Random House, 1939)。

自主权的催化剂。

　　同理，哀伤赋予了我们发挥创造力的机会。我在第二章第3节将哀伤比作即兴演奏。在这里我会扩展一下这一类比：哀伤把一份我们未曾有机会演奏的情感"总谱"交给我们，而它本身是由我们与逝者的关系的背景事实决定的。这些事实又依赖另外的事实，即逝者个人的生平经历、我们的生平经历和身份以及这些经历之间的交织。当然，我们完全可以尝试不去演奏这个乐谱——因为我们会抗拒哀伤，害怕这一经历会产生太多的情感折磨。但是，一旦我们演奏了，它就会在很大程度上主导我们哀伤的进展方式。即使如此，正如乐手在演奏时会自由发挥一样，我们也会对哀伤施加些许控制。我在前面论证过，哀伤是一种关注，是一种活动，并非我们单纯承受的一种被动状态。正如乐手可以缩短或延长音符，我们也可以尝试加速或延缓某些特定的哀伤阶段。乐手可以通过改变节拍从而改变曲子的感觉，我们也可以尝试改变哀伤的情感趋势。因此，乐曲的演奏与哀伤都具有的这种创造力从根本上说并不是创新。相反，朱莉安娜·钟（Julianne Chung）认为，哀伤的创造力在于它能让当事人理解或融合一系列有同一起源的经历。就哀伤来说，这同一起源乃是我们投入了实践身份的那个人的离世。钟认为，哀伤的"目标并不是某种新事物，而是一种融合，与哀伤所处的情景融为一体"。[1]

当然，我并不是建议你不加怀疑地接受这些哲学结论。我只是希望，本书呈现的理由能够使这些结论令人信服。如果你认为我前面对哀伤的描述是有说服力的，现在也正在思考它的意义，那么，请允许我在最后解答两个可能会出现的问题。

第一个问题是可能性的问题，即哀伤的哲学理论（其核心是哀伤是什么、哀伤为何重要）有可能不是哀伤独有的。在日常语言中，我们常常很宽泛地使用"哀伤"这一术语来表示形形色色的精神痛苦。此外，除了死亡，还有其他的变化也会引起人际关系的彻底改变，于是我们进入了一种类似于哀伤的状态，这未尝不合理。这样的变化有很多，比如夫妻离婚，孩子离家，企业和机构倒闭，雇员离职，以及我们所爱的人受伤或身体状况恶化，名人、艺术家和政治领袖面临丑闻，等等。这些事件均不涉及他人的死亡。然而，在这些情况下，我们面临的挑战可能与前面论证的哀伤带来的挑战很相像，二者都让我们感到，我们与那些被投入了实践身份的人之间的关系无法像过去那样继续下去了，需要重新建立。我们在哀伤的情感煎熬中和在那些不涉及死亡的事

---

1 Julianne Chung, "To Be Creative, Chinese Philosophy Teaches Us to Abandon 'Originality,'" *Psyche*, September 1, 2020, https://psyche.co/ideas/to-be-creative-chinese-philosophy-teaches-us-to-abandon-originality.

件发生之后，都会产生自我认知，并重建实践身份。他人的死亡改变了我们与之的关系，使我们必须弄清楚这些关系在我们后来的实践身份中所处的位置。当我从这个角度定义哀伤的特征时，我可能无意间以可信的方式也描述了生活中许多其他至关重要的事件。也就是说，本书探讨的哀伤的哲学理论实际上是对精神创伤的哲学描述，只是这些创伤是通过哀伤的视角来阐述的。[1]

毋庸置疑，本书聚焦于因他人的离世所引发的哀伤，并不奢望从总体上了解人类的精神创伤。尽管如此，我想，本书的大部分内容都和因他人离世引发的精神状态之外的其他"哀伤"或与哀伤类似的状态相符合，并且也适用于这些状态。他人的死亡引发的哀伤可能是我们认为的"哀伤"的范例，因此，我们可以通过详细地讨论这种哀伤，来了解其他形式哀伤的很多内容。因此，如果我们在探讨哀伤的哲学理论时，在对精神创伤的哲学理解方面也取得了缓慢而艰巨的成果，这是令人乐意接受的。

尽管如此，我们在本书关注的哀伤——被投入了实践身份的人的离世引发的哀伤——在程度、类别上都有别于其他的精神创伤，这些差异使我们有足够的理由把这种哀伤当作一个值得独立

---

1 苏珊·J.布里松在研究中也暗示我所描述的哀伤过程与其他类型的精神创伤之间有相似之处，见 Susan J. Brison, "Trauma Narratives and the Remaking of the Self," in M. Bal, J. Crewe, and L. Spitzer (eds.), *Acts of Memory: Cultural Recall in the Present* (Hanover, NH: University Press of New England, 1999), pp. 39–54。

研究的现象。

　　我在第三章说过，哀伤也许是压力最大、情感最煎熬的生活事件。哀伤在很多时候比我们承受的其他大多数精神创伤都更加痛苦。第一个原因是引发哀伤的损失的实质：父母或兄弟姐妹的死亡改变了我们和他们的关系，而这种关系原本是要持续一生（或几乎一生）的。相伴多年的伴侣离世，弥漫于哀伤者日常生活的双方的关系也由此改变。与其他形式的依恋——如对工作的依恋——相比，我们对他人形成的依恋对我们的实践身份更为重要。因此，他人的死亡引发的哀伤在我们所经历的所有精神创伤中通常位居首位，这不足为奇。

　　因他人的死亡引发的哀伤常常比其他创伤更严重，第二个原因在于引发哀伤的损失是不可挽回的。离婚令人痛苦，但是，离婚的夫妻偶尔也有复婚的可能，颇为有名的是伊丽莎白·泰勒和理查德·伯顿的离婚与复婚史；下岗的工人可能也会回到同一个工作岗位或职位。但引发我们哀伤的人离去了，斯人已逝，再不复返。死亡意味着再也不会回来。死亡的定局加重了哀伤中创伤的程度，因为哀伤者只能承认至爱的离世，没有其他的理性选择。哀伤者无能为力——事实上，任何人都无能为力——谁都无法改变引发哀伤、使哀伤有正当理由的事实。因此，哀伤令"让世界恢复到过去"这一愿望变得不可理解。

　　第三个原因在于哀伤的损失是无可替代的。回想一下塞涅卡把逝去的朋友比作失窃的外衣：塞涅卡认为，不用新衣来替代失窃的外衣是愚蠢的，不想办法"替代"逝去的朋友也是愚蠢的。但是，塞涅卡的建议没有考虑到我们的人际关系是独特的，不会被轻易替代。比如，鳏夫或寡妇再婚，其结婚对象很可能在许多方面都和其前配偶相似。毕竟，鳏夫或寡妇的个性、兴趣在配偶去世之后很可能并无太大变化，那些和他们兼容、可能成为伴侣的人就会吸引他们，这也是人之常情。但是，如果他们想让新配偶真正替代已经去世的伴侣，那就是极大的愚蠢。新配偶和前配偶的习性偏好各不相同，此外，和逝去的配偶相比，新配偶进入他们生活的时间段也不一样。因此，配偶去世后再婚的人，只能在极其肤浅的层面尝试以新配偶代替逝者。从更深的层面看，已逝的配偶是无法替代的。与之相比，许多其他令人痛苦的损失都可以被替代，或者被修复。自然灾害摧毁了社区，人们可以搬迁；失业后，可以找到新的工作或进入新的行业；离婚后也可以再婚。然而，让我们哀伤的那些逝者是无可替代的，这意味着我们不知道那个空缺该如何填补。我在本书中坚持的答案，是我们得以从哀伤中恢复，不是依靠填补空缺，而是依靠重塑自我，因而我们不再需要去填补那个空缺。我们可以改变自己的实践身份，好让空缺不再威胁自己的价值观、关切之事以及人生目标。这并非否定有些人实际上从哀伤中恢复过来，并且过上了和被投入了实践身份的那个人在世时一样幸福甚至更幸福的生活。我只是想强调，这一切的发生并不是因为逝者在任何意义上被人所替代了。

所以，我们有理由认为，在程度上，哀伤超过了其他精神创伤。此外，哀伤往往还在类型上有别于其他精神创伤。

我们已经看到，除了悲伤，哀伤还有许多其他情感，比如恐惧或焦虑。我们在情感上依恋的人一旦离世，我们就万分悲痛，恐惧或焦虑也随之出现。配偶、父母或亲密好友的逝世，就好像日常生活中的一根"支柱"倒塌了，不再给我们提供慰藉、安抚或支持，我们自然会毫无安全感。但是，这样的恐惧或焦虑也反映了一种与自身存在有关的不安全感。他人的死亡提醒了我们，一切于我们而言至关重要的事物（本书阐释的术语是实践身份），其所倚赖的现实几乎都易朽坏、可以被摧毁。比如，父母稳实的养育曾让我们认为这个世界安全舒适，威严又慷慨的父母的离世会引发我们的哀伤之情，让我们产生疑问："如果我爱的人能被摧毁，还有什么也会被摧毁呢？"遗憾的是，这个问题的答案当然是——一切。工作、居所、生态系统、人际关系、政府、机构，没有哪一样是绝对不易被摧毁或不会朽坏的。所以，和所有的生物一样，我们人类的生命是脆弱的。对这种脆弱性的认识令人痛苦，然而，我们必须带着这样的认知活着。被投入了实践身份的人离开人世，是对我们的提醒，让我们不要忘记人的脆弱。

此外，哀伤比其他创伤都更能凸显我们自身的脆弱性。他人的死亡凸显了我们的实践身份在面对自身以外的事实时的脆弱性。

被投入了实践身份的人离世引发了我们的哀伤，因此，他们的死亡是我们自己的死亡的幻象，凸显了我们的实践身份在面对死亡本身时的脆弱。不同于其他类型的损失，我们自己的死亡不仅剥夺了我们某种生活方式的可能性或某种特别的实践身份，还剥夺了实践身份的一切可能性。死亡了结了我们，因而也了结了我们的一切可能性。因此，哀伤给我们带来的挑战，是在意识到我们所有的实践身份甚至是拥有实践身份的机会都是脆弱的、都会发生意外的情况下，塑造新的实践身份。这样的认识会引发恐惧，甚至畏惧，是可以理解的。

从这些方面看，哀伤会引发更深或更重大的危机，因而有别于其他精神创伤。哀伤让我们清晰地看见了自己的脆弱与局限。

我要解答的第二个问题是：从哲学视角深入理解了哀伤的实质和意义的读者，应当能为哀伤做更好的准备（至少我是这样坚信的）；但是，这种哲学理解会不会让你能够做足准备，却反而使哀伤对你来说变得无足轻重或者多此一举呢？倘若更深入的理解能使哀伤更易于管理，变得更有价值，我们应当期待这种理解使我们对哀伤完全免疫吗？对哀伤的哲学认识会使哀伤不再有必要，这似乎既不现实，也不可取。

诚然，对哀伤的哲学理解可以（而且应当）改变我们哀伤的方式，或许也能削弱它最严重的情感表现。尤为重要的是，当我们面对引发哀伤的损失时，这种理解也许能让我们更好地应对哀伤。我在第五章讨论了预期性哀伤这种现象，哀伤发生在预期的死亡之前。在预期性哀伤期间，读者完全可以运用从本书中获得的对哀伤的实质及意义的了解，来考虑自己与预测将要去世的人之间的关系（只是举例），考虑那个人在自己的生活中一直扮演的特别的角色，以及在自己未来的生活中可能扮演的角色。也就是说，正在经历预期性哀伤的我们，可以预测我们在他人死亡之后改变自己的实践身份这一任务。我们甚至可以与濒死之人一同协作，讨论对方死亡之后我们的未来，从而对改变自己的实践身份这一任务进行预测。如此严肃认真地对待生命的有限性和哀伤，可能是非常健康的。这种方式告诉我们，被我们投入了实践身份的那个人死亡的时间对我们的哀伤和哀伤的进展方式来说，并没有我们所预期的那么重要了。

尽管如此，对哀伤的哲学理解无法使哀伤完全可预测或者完全无必要。本书中，我努力提供了一种能够体现哀伤的实质和意义的哀伤哲学理论，同时承认各段哀伤经历的细节有着极大的差异。根据我在第二章阐述的术语，哀伤理论旨在找到哀伤多样性中的一致性。但是，有关哀伤的哲学指引无法为你的哀伤提供良方。因为哀伤具有个人特征，它是即兴的，根植于我们每个人的生平经历以及我们与逝者的关系。朱莉安娜·钟解释说，哀伤要求我们——

对我们环境中的（与我们的思想、情感和总体状况相关的）准确细节做出反应，从而创造我们想要创造的事物……这不是靠实施一个计划就能做成的，尽管我们在哀伤的过程中会匆忙制订各种临时的、高度可塑的"计划"。[1]

此外，哀伤为我们提供的特别益处——自我认知——很难获得，因为我们无法使用自己对哀伤的了解把哀伤变得可预测或无必要。如果哀伤给我们提供的丰富的自我认知（对构成我们实践身份的价值观、责任和关切之事的认知）容易实现，那么哀伤本身的价值就会小很多。但是，我们并不完全了解自己，我们需要哀伤让我们与自我认知更接近。因此，仅仅了解哀伤的实质和意义未必能让我们获得哀伤可能提供的自我认知。综上所述，对于你的哀伤的本质或意义将会是什么，哀伤的哲学理论无法给出答案。

我已经强调，哀伤是无法避免的。我们可以更智慧地经历哀伤，但终归无法战胜哀伤，也不应该希望自己能够战胜它。

---

1 Chung, "To Be Creative, Chinese Philosophy Teaches Us to Abandon 'Originality.'"

— 致 谢 —

哲学有着悠久的历史渊源，因而哲学家在探讨问题时几乎总需要向诸多前辈求教。不过，哀伤在哲学中处于相对边缘化的位置，这让我在撰写本书时得以在较为"荒芜"的领域进行哲学探索。我酝酿、斟酌，将思想化为文字，而无须频繁地将其同无数哲学家的观点做比较。因此，我有幸收获了独特的乐趣。

尽管如此，我的思想高度得以提高离不开许多同侪的智慧和付出，有了他们的鼎力相助，本书才得以完成。感谢大卫·亚当斯（David Adams）、马赫拉德·阿尔莫塔哈里（Mahrad Almotahari）、罗曼·阿特舒勒（Roman Altshuler）、凯茜·贝伦特（Kathy Behrendt）、约翰·达纳赫（John Danaher）、约翰·戴维斯（John Davis）、盖伊·弗莱彻（Guy Fletcher）、詹姆斯·克鲁格（James Kruger）、休·拉福莱特（Hugh LaFollette）、凯茜·莱格（Cathy Legg）、贝里斯拉夫·马鲁西克（Berislav Marusic）、肖恩·麦卡利尔（Sean McAleer）、丹·莫勒（Dan Moller）、埃默尔·奥哈根（Emer O'Hagan）、埃米·奥伯丁（Amy Olberding）、埃丽卡·普雷斯顿–勒德（Erica Preston-Roedder）、瑞安·普雷斯顿–勒德（Ryan Preston-Roedder）、马修·拉特克利夫（Matthew Ratcliffe）、迈克尔·里奇（Michael Ridge）、彼得·罗斯（Peter Ross）、凯蒂·斯托克代尔（Katie Stockdale）、帕特里克·斯托克斯（Patrick Stokes）、戴尔·特纳（Dale Turner）和尤卡·瓦雷柳斯（Jukka Varelius），我和他们都讨论过与哀伤相关的哲学问题，并大受裨益。感谢塞西尔·芒（Cecilea Mun）组织的一场与书评人讨论书稿的见面会，见面会由情感哲学学会（SPE）资助。亚伦·本泽夫（Aaron Ben-Ze'ev）、普鲁索塔马·比利莫里亚（Purushottama Bilimoria）、戴夫·贝塞克（Dave Beisecker）、卡罗琳·加兰（Carolyn Garland）和特拉维斯·蒂默曼（Travis Timmerman）对这次活动做出了全方位的评价。

我在书中提出的许多观点和论点受益于我在一些公开演说或研讨会中收到的反馈。我在波莫纳加州州立理工大学（Cal Poly Pomona）、迪肯大学（Deakin University）、黑斯廷斯中心（The Hastings Center）、库兹敦大学（Kutztown State University）、西方学院（Occidental College）、雷德兰兹大学（University of Redlands）、萨斯喀彻温大学（University of Saskatchewan）和图尔库大学（University of Turku）演说时收到诸多听众在深思熟虑后提出的问题与反馈，我对他们心怀感恩。此外，我在许多专业的学术会议上得到了与会者们的帮助，比如，南卡罗来纳大学举办的三江哲学会议（2013）、南加州哲学会议（2013）、西密歇根医学人文大会（2014）、孟菲斯大学的心理疾病和控制力会议（2014）以及美国哲学协会太平洋分会（2016），我由衷地感谢与会者们提供的帮助。

本书的撰写得到了美国国家人文基金会（NEH）提供的教师奖经费支持（#HB-231968–16）。在申请这笔项目经费时，凯瑟琳·希金斯和斯科特·拉巴奇曾为我写推荐信。波莫纳加州州立理工大学曾为我提供"教师研究、奖学金及创造性活动"暑期基金（2014），并支持我休假（2015），潜心撰写本书。

感谢普林斯顿大学出版社的马特·罗哈尔（Matt Rohal）在本书的编辑过程中给予的热情指导和大力帮助。

我将本书献给我的父亲迈克尔·乔比（Michael Cholbi, 1926—2012），他让我体会了难以名状的哀伤。